细节

天下大事 必做于成

商 宁 —— 编著

新疆文化出版社

图书在版编目（CIP）数据

细节 / 商宁编著 . -- 乌鲁木齐 : 新疆文化出版社，
2025.4. -- ISBN 978-7-5694-4814-6

Ⅰ .B848.4-49

中国国家版本馆 CIP 数据核字第 20252QU468 号

细 节

编 著 / 商宁

策　　划	王国鸿	封面设计	天下书装
责任编辑	张启明	责任印制	铁　宇
版式设计	凡琪文化		

出版发行　新疆文化出版社有限责任公司

地　　址　乌鲁木齐市沙依巴克区克拉玛依西街1100号（邮编：830091）

印　　刷　三河市嵩川印刷有限公司

开　　本　710mm×1000mm　1/16

印　　张　8

字　　数　130千字

版　　次　2025年4月第1版

印　　次　2025年4月第1次印刷

书　　号　ISBN 978-7-5694-4814-6

定　　价　59.00元

前言

在中华文化的浩瀚长河中，细节的力量被无数次反复提及和探讨。自古以来，先贤们通过日常生活的点滴，体悟天地的精妙；通过事物的微末变化，洞察人世的兴衰浮沉。《细节》这本书正是立足于这一传统文化智慧，探究在个人成长、团队管理、社会进步乃至未来发展中的细节力量，力图从细微之处寻找蕴藏在其中的深刻意义。

《荀子·劝学篇》曰："不积跬步，无以至千里；不积小流，无以成江海。"细节，不仅是个体成就大业的基石，更是社会进步与文明发展的推动力。

在中国历史上，许多伟大的成就和突破，往往源于对细节的精益求精。在现代社会中，我们常常迷失在宏大的目标和远景之中，忽略了成败的关键往往隐藏在那些容易被忽视的细节里。

无论是在职场管理中，还是在技术研发、文化交流和日常生活的方方面面，细节都扮演着至关重要的角色。正是这些细微之处的点滴积累，最终构筑起了个人成长、企业发展和社会进步的恢宏图景。

本书试图从多个维度探讨细节的力量，揭示它在我们生活的方方面面如何发挥着至关重要的作用。书中的每一章、每一节，都试图通过经典的历史故事、成功的现代案例，阐释细节的影响与意义。从中国传统文化中的智慧故事，到现代企业家通过对市场和技术细节的敏锐洞察，带领企业在国际竞争中脱颖而出，这些案例为我们展示了如何通过对细节的深度把握，抓住机遇，走向成功。

如同春风化雨般，细节的力量常常是润物无声，在不经意间影响着我们的决策和未来。愿大家在翻阅本书时，能够从中感悟到细节的力量，培养敏锐的观察力与细致的思维方式，在生活的每个角落里，捕捉那些潜藏的机遇，成就更美好的未来。

目
录

第一章

天 下 大 事
必 作 于 细

千里之堤，溃于蚁穴

积沙成塔，滴水石穿

玉不细琢，不成器

千里之堤，溃于蚁穴

在中国古代，有一句流传甚广的谚语："千里之堤，溃于蚁穴。"这句话简明地表达了细微之事可能引发重大结果的道理。

人们往往将注意力集中在大的方向和宏观策略上，忽视了那些微小而不起眼的细节。但正如这句谚语所揭示的，细节的忽视，常常会引发不可预料的后果。我们将通过古今的故事，探讨细节对于成功与失败的巨大影响。

故事开始于战国时期。那时，秦国与楚国之间的战事不断，彼此为了霸权而争斗不休。在一场重要的防御战中，秦国的将军正带领着士兵守护一条绵延千里的堤坝，堤坝的背后是秦国赖以生存的粮田和重要城池。

这条堤坝经过了多年的修筑，坚固异常，将军与士兵们对此信心十足，认为楚军绝不可能轻易突破。然而，在这看似无懈可击的堤坝上，一个不易察觉的小蚁穴，悄无声息地开始危及整个防线。

蚂蚁们日复一日地在堤坝中穿梭，筑起了细小的隧道，逐渐削弱了堤坝的结构。无人注意这些微小的迹象，直到某个雨夜，堤坝在滔滔洪水的冲击下轰然崩塌，秦国的粮田被洪水吞噬。

原本坚不可摧的防线，就因为忽视了一个不起眼的小蚁穴而导致了全线崩溃。这一溃败，让秦国不仅损失了大量粮草，还在战事中陷入被动，战局随之逆转。

这个故事生动地展现了细节的重要性。往往那些看似微不足道的细节，正是影响全局的关键所在。如果将军们能够及时发现那个蚁穴，稳固堤坝，秦国的损失就可能被避免。这让人深刻认识到，在重大决策和执行过程中，忽视任何细节都是危险的。

再把目光转向明代。明代的鲁班是中国古代著名的工匠，也是建筑和工具发明的先驱。他曾经为朝廷修筑城墙，面对的挑战与秦国将军所面对的类似——如何在一个巨大的工程中确保每一个细节的完美。鲁班深知，如果忽略了哪怕是墙基的一小块石头，整个城墙都可能会在未来的岁月中因细微的问题而崩塌。

鲁班不仅在建筑物的结构设计上下功夫，还特别注重每一个工具的细节打磨。他发明了"鲁班锁"，这是一种看似简单却结构复杂的木工拼接工艺。每一块木头的咬合必须精确到毫米，否则整个结构将无法稳固。而这种发明不仅在建筑中得到广泛应用，也成了古代工匠对细节极致追求的象征。

一次，鲁班为一座寺庙的门梁雕刻装饰图案，然而在工程接近尾声时，鲁班突然发现一处细小的雕刻不够精致。虽然这个地方极其不起眼，几乎不会被人注意，但鲁班依然选择重新雕刻。有人问他："此处如此隐蔽，何必浪费时间重新做？"鲁班答道："正因为它不容易被看到，才更要做到完美。每一个细节决定了整体的成败。"

这个故事给我们以深刻启示：细节不只是成功的保障，更是通向卓越的唯一途径。鲁班的精神展现了匠心的价值，正是因为他对细节的高度重视，他的每一件作品，才能在数百年后的今天仍被后人敬仰。

不仅在历史上，现代社会同样有无数例子印证着"千里之堤，溃于蚁穴"这一理念的现实性。

20世纪，中国的"两弹一星"工程是国家科技力量的象征，也是无数科学家为国奉献的标志性工程。钱学森、邓稼先等科学家领导的团队在研发原子弹和氢弹时，处于极其困难的环境之中，如技术匮乏，国际封锁，科研条件简陋。但即便如此，科学家们也不放过任何一个小的实验误差，仔细推敲每一个数据，反复计算，才最终实现了"两弹一星"的壮举。

邓稼先曾经在实验时发现一个极其微小的误差，这个误差在别人看来可能无足轻重，但他却没有放过。

为了确保精确，他带领团队反复验证，最终发现了潜在的隐患，并通过调整实验方案，保证了最终成功。这不仅是科学精神的体现，更是对细节的极致把控。可以说，"两弹一星"的成功，正是建立在无数个细微决定和数据背后，每一个看似不起眼的误差都有可能导致项目的失败，而每一个被重视的细节，则为成功铺平了道路。

再看看我们的生活，细节往往也能左右成败。在商场竞争中，很多企业因为忽略了客户体验中的某些细节，导致市场份额的流失，而那些成功的品牌，往往在小处赢得了消费者的心。中国的海底捞就是一个注重细节的典型例子。

细节不仅影响着企业的运营效率，更决定着其长期的生存与发展。企业管理中，每一个细小的服务环节都可能决定顾客的满意度。那些被忽略的细节，往往可能是企业成功与失败之间的关键。

"千里之堤，溃于蚁穴"，这句话不仅仅是一句警示，更是一种生活哲学。无论是历史长河中的古代战事、建筑工艺，还是现代社会的科研创新、企业管理，细节的力量无处不在。

　　对于个人成长也是如此，很多时候，决定我们成败的往往不是那些宏大的计划，而是那些我们日常生活中容易忽略的细小之处。正是通过关注这些细微的环节，我们才能在生活和工作中迈向更高的境界。

积沙成塔，滴水石穿

聂卫平，中国围棋的"棋圣"，是中国围棋历史上最为著名的人物之一。在他职业生涯中，多次带领中国围棋队在国际赛事中战胜强敌，赢得了巨大的荣誉。

许多人并不知道，聂卫平从小并不是一个天赋异禀的神童，而是通过不断积累细节、反复锤炼和坚持练习，才逐渐成为棋坛巨匠的。

聂卫平的成长历程堪称细节与习惯力量的典范。从孩童时期开始，他就展现出了对围棋的浓厚兴趣，但与许多传说中天才少年的光芒四射不同，聂卫平的起点并不算高。小时候，他的围棋水平在同龄人中并不突出，甚至有一段时间，他被认为是一个"普通的棋童"，棋艺进展缓慢。在许多棋童中，他的表现似乎并没有什么特别的亮点。

不过，聂卫平有一个非常重要的品质：他对每一个细节都无比执着，尤其在下棋的过程中，每一个棋子的摆放位置、每一个战术的变化、每一局棋中的失误，他都会仔细分析，逐渐形成了反复练习和推敲的习惯。这种对细节的执着，最终让他脱颖而出。

习惯的力量：细节中的坚持

聂卫平的父亲是一位围棋爱好者，在父亲的影响下，聂卫平开始接触围棋。起初，他的表现并不如家人预期，没有特别的棋感，也没有展示出明显的天赋。在其他孩子在棋盘上"天马行空"时，聂卫平更偏向于耐心地分析与布局，常常在比赛结束后，细细琢磨每一个棋子的走法、对局中的得失，甚至连小小的错误都不放过。

小时候的聂卫平常常把每一局失败都看作一次重要的学习机会。对他而言，输棋并不是挫败，而是观察和反思的契机。他会在棋盘前一坐就是几个小时，重现每一局的对局，寻找失误的根源，逐渐摸索出对手的思维逻辑和棋局变化。通过这种细致入微的推演，他逐步积累了丰富的棋局经验，也培养了对每个棋局中细节的敏锐洞察力。

正是通过对细节的反复打磨，聂卫平逐渐养成了每天坚持练棋的习惯。无论是寒冬酷暑，还是面对繁重的学业，他始终坚持每天花时间进行围棋练习。这种习惯的力量逐渐显现了出来，日复一日的积累让他在棋盘上的表现越来越出色。

有一次，聂卫平与一位比他高出几个段位的棋手对局。面对强敌，许多棋童都会感到紧张，甚至会选择保守的防御策略。聂卫平却并不畏惧，他通过平时对细节的研究和习惯性反思，沉着应对对方的每一步攻击，甚至在关键时刻通过一个细微的棋路变化扭转了局势。这一细小的变化，完全出乎对手的意料，也让聂卫平赢得了那场比赛。

比赛结束后，大家纷纷夸赞他"天赋异禀"，但聂卫平却坦言："这并不是天赋的力量，而是我每天在棋盘前长时间思索、推演无数次细节的结果。"他深知，成功来自对每一个细节的反复锤炼和对习惯的长期坚持。

积沙成塔：细节与全局的统一

围棋是一种极其复杂的棋类游戏。棋盘上的每一颗棋子看似微不足道，但每一步的布局都关乎全局的变化。围棋讲求"全局观"，但全局的胜利往往正是由无数个细小的决定积累而成。

聂卫平深谙这个道理，因此他在每一局棋中都表现得格外谨慎，每一个棋子的落子位置都经过仔细地权衡。

这种对细节的敏锐洞察不仅来自天赋，更来自他长期以来养成的习惯。他喜欢在每一次对局后重温棋局，不放过任何一个可能被忽视的微小细节。这种耐心与细致让他逐渐在同龄棋手中脱颖而出。随着时间的推移，他开始对棋局有了更加深入的理解，逐步形成了自己独特的风格。

有一次，聂卫平与日本围棋高手对局，那位棋手以凌厉的攻势占据了上风。面对对方迅猛的进攻，许多棋手可能会在压力下做出错误的决定。然而，聂卫平在那局棋中展现了惊人的耐心和对细节的把握。他仔细分析每一个局部的变化，等待对手露出破绽。最终，通过一个细微的棋子摆放，他反败为胜，震惊了对手和观众。

那次比赛后，聂卫平再次被誉为"围棋天才"，但他清楚，这场胜利的背后，是多年来对细节的坚持不懈与对习惯力量的深刻理解。正是因为他在每一个局部都没有忽视细节，最终才赢得了全局的胜利。

滴水石穿：习惯铸就成功

聂卫平曾说："习惯决定命运，而细节决定成败。"他深知，围棋的每一局都像人生一样，不是短期的爆发能决定胜负，而是长期的积累、细节的打磨和习惯的养成。围棋中的每一步棋，都像是人生中的每一个选择，看似微不足道，却在长远中影响着局势的走向。

这种细致入微的棋风和扎实的基本功，正是他多年坚持不懈训练的结果。每天的练习、每局的复盘，都像是滴水穿石般不断打磨着他的棋艺。

在这个过程中，聂卫平不仅提高了棋艺，更通过细节的不断积累和重复训练，形成了一种对每局棋、每个细节的敏锐感觉。正是这种习惯性的反思和打磨，让他在面对强敌时，能从容不迫地应对各种复杂局面。

习惯是一种力量，它并不在于一朝一夕的收获，而在于长期地积累。在围棋的世界中，细节往往被比作棋盘上的"沙子"，而每一局棋便是"塔"。只有通过一点一滴地积累，这座塔才能稳固而高耸。聂卫平深知这一点，所以他从不急于求成，而是脚踏实地，每天坚持练习和反思，积累下无数的"沙子"，最终建成了属于自己的围棋王国。

聂卫平的成长历程无疑证明了细节与习惯的巨大力量。从一个不起眼的围棋少年，到成为中国围棋界的传奇人物，他的成功并不依赖天赋，而是依靠每天的积累与坚持。在他看来，每一个细节都是成功的基石，而每一天的坚持，都是迈向成功的脚步。正如围棋中的每一颗棋子，人生中的每一个决定也需要细致思考和慎重对待，最终才能在全局中取得胜利。

在我们日常生活和工作中，细节与习惯同样扮演着关键角色。那些看似不起眼的小事，往往决定着我们成败的走向。通过聂卫平的故事，我们可以看到：成功并非一蹴而就，而是通过无数个细节的积累和习惯的锤炼，才能最终成就伟大的事业。正如"滴水穿石"般的道理，积沙成塔，细节与习惯的力量不可小觑。

玉不细琢，不成器

"玉不琢，不成器。"这是中国古代关于工艺与修身的名言，不仅强调了玉器在成形前必须经过精雕细琢，也隐喻了人生和事业的成就离不开对细节的反复打磨。

无论是工艺品的制作，还是日常工作中的质量管理，细节不仅是一个过程，更是决定质量优劣的关键因素。

在追求卓越的过程中，精益求精的工匠精神与对细节的执着往往直接决定了产品的最终质量。

在中国悠久的历史文化中，玉器一直是权贵身份的象征，代表着纯净、高雅与品质。而玉器的制作过程则是一项需要极度耐心和精准技巧的工艺，每一件玉器的成型都离不开工匠们对每一个细节的反复推敲与琢磨。

通过中国古代玉器制作的故事和现代质量管理的典范，我们可以更深刻地理解：质量的精髓，不仅在于整体的设计，更在于对细节的把握。

玉雕是注重细节的艺术

中国的玉文化历史悠久，早在新石器时代，人们就开始使用玉石作为饰品和工具。在古代，玉不仅仅是一种美丽的装饰品，更是古代社会中道德与礼仪的象征。人们将玉的温润质感和高贵品性与君子的品格相联系，玉石的完美形态往往象征着人生的纯粹与无瑕。

然而，要将一块普通的玉石打造成璀璨的艺术品，工匠们需要经历漫长而艰辛的打磨过程。玉石的硬度非常高，加工过程中一不小心便会导致开裂或者损坏。因此，玉雕工艺不仅要求工匠拥有高超的技艺，更需要他们对每一处细节保持高度的敏感与耐心。

在古代，玉雕工匠被视为拥有"神工"的人物，他们通过细微的打磨和精细的设计，将原本粗糙的玉料雕刻成精美绝伦的艺术品。以东汉时期的"和氏璧"为例，这块玉璧被誉为中国历史上最为珍贵的玉器之一。相传，工匠们用了数年时间，通过对每一寸玉石的细致雕琢，将原本并不完美的玉料打造成了无瑕的艺术品。这种对细节的追求，不仅仅体现在外观上，更在于内在的工艺和品质。

制作玉器的过程，也是一个不断修正细节、不断完善的过程。古代的玉雕师傅在雕刻玉器时，经常需要在打磨、切割和抛光过程中反复观察玉石的纹理和质地，以确保每一刀都能精确到位。如果在雕刻过程中稍有不慎，整个作品就可能因一个小小的瑕疵而功亏一篑。

因此，工匠们常常花费大量的时间去处理每一个细微的细节，甚至是在作品最隐蔽的地方，他们也从不马虎。正是这种对细节的专注与精雕细琢，才造就了古代玉器的卓越品质。

现代制造业之精益求精

古代玉器的制作精神与现代制造业中的质量管理思想有着共通之处。精益生产和质量管理体系都强调：每一个细节都会影响最终产品的质量。尤其是在现代高度自动化、标准化的生产过程中，细节的忽视会导致大批量的产品出现质量问题，影响整个生产链的效益。

中国高铁的发展是质量管理的典范。高铁系统的复杂性远远超出普通的机械设备，它的安全运行依赖于每一个细小零件的正常运作。每一个螺栓、每一块轨道的接缝都必须经过反复地检验和测试，任何一个细微的偏差都有可能导致安全事故。因此，中国高铁的建设团队对每一个细节都进行了精确的设计与执行，确保每一处都达到了最高的安全标准。正是这种对细节的严苛管理，使得中国高铁能够以高效、稳定、安全著称，成为世界铁路运输系统中的典范。

细节决定质量

质量，不仅仅是产品的可靠性与耐用性，更代表了一个企业的核心竞争力。无论是在古代的手工制作中，还是在现代的自动化生产线中，细节始终是决定质量的关键因素。通过对细节的把控，企业能够确保每一件产品都达到预期的标准，甚至超出客户的期望。

细节成就卓越

"玉不琢不成器"的道理不仅适用于古代的玉器工艺，也同样适用于现代的质量管理。无论是古代的工匠，还是今天的制造业，他们都在用实际行动诠释着一个相同的道理：对细节的忽视，终将导致失败；而对细节的精雕细琢，才能成就卓越的品质。

当下，我们在谈论"工匠精神"时，不仅是在缅怀过去的技艺，更是在强调当代社会对质量的极致追求。

这种精神体现在对每一个细节的关注上，无论是产品的生产还是服务的提供，都需要我们对每一个环节进行细致的打磨与不断完善。只有通过这种持续地追求，我们才能在激烈的市场竞争中立于不败之地。

工匠精神的核心就是精益求精。无论在什么领域，成就卓越的关键在于对每一个细微环节的严格要求。质量的保障，不仅仅是通过大方向的规划来实现，而是通过对每一个细节的把控，来确保每个部分都能无缝衔接、完美运作。

"玉不琢不成器，器不精不成器。"无论是古代的玉器雕琢，还是现代的制造工艺，细节始终是质量的核心。只有对每一个细节进行精雕细琢，才能保证整体的卓越品质。古代的工匠精神与现代的质量管理理念相辅相成，它们告诉我们，成功的背后，是无数细节的积累与打磨。

第二章

心细如发，
体味人生的微光

爱在细节中

健康无小事

拿捏分寸，掌控节奏

心如止水，细观内心

爱在细节中

家庭，是人生最重要的港湾。它承载着我们的成长、情感与回忆。家庭中的关怀往往是无声的，潜移默化地滋养着我们的心灵。

正如春雨滋润大地般，家庭中的爱与关怀，虽没有轰轰烈烈的壮举，却在点滴细节中默默地影响着我们，塑造着我们的性格、价值观和生命态度。这些细微的关怀，或许在当时并不易察觉，但随着时间的流逝，我们会发现，那些不起眼的小事，正是家庭爱与温暖的象征。

中国有句古话："家和万事成。"家庭的和谐不仅仅依赖于大的决策和安排，更取决于每一个家庭成员在日常生活中的细致关怀。正是这些细微之处，构建了家庭的温馨氛围，维系了成员间的亲密关系。下面将通过真实的家庭故事，探讨那些润物细无声的关怀，如何在无形中影响我们的生活。

母亲的饭盒：用细节浇灌亲情

这是一个关于母亲与儿子的故事，彰显了家庭中细致入微的关怀，如何在点滴之间体现出来。

陈晓是一名小学三年级的学生，像许多上班族家庭一样，他的父母每天工作繁忙，很少有时间和他一起吃早餐或午餐。然而，陈晓的母亲始终坚持每天为他准备午餐饭盒，送到学校。

陈晓从来没有特别留意过这些饭盒。他觉得母亲做饭盒是再寻常不过的事：米饭、蔬菜、肉类，偶尔还会有些水果。然而，一次班级活动的分享让他对这些饭盒有了全新的认知。那天，老师组织了一场以"我的家庭"为主题的讨论，要求每个同学分享一件来自家庭的特别事物。有的同学带了父亲从国外带回来的玩具，有的展示了祖母送的书法作品。陈晓有些局促，不知道该带什么。

最终，陈晓随手带了一份母亲做的饭盒。到了课堂上，当他打开饭盒时，老师和同学们纷纷夸赞饭盒里的食物"色香味俱全"，每道菜的摆盘都像是精心设计过的艺术品。看着饭盒里切得整齐的黄瓜条、炒得金黄的鸡蛋和冒着香气的米饭，陈晓突然意识到，母亲每天早起为自己准备的这些饭菜，不仅仅是填饱肚子的简单任务，而是她无声的关怀。

母亲并没有通过言语表达太多对儿子的关心，但她通过每天的饭盒，表达了对陈晓的爱和照顾。她的饭盒中总是有孩子喜欢吃的菜，同时也细心搭配了营养，让陈晓不仅吃得开心，还吃得健康。母亲会特意用小胡萝卜雕刻出星星或动物形状，给饭盒增添趣味，而这种心思，陈晓之前从未注意到。

那次活动后，陈晓回到家时，看着母亲在厨房忙碌的身影，心中涌起了一股暖流。他突然意识到，这些年母亲的付出远比他想象得要多得多。母亲并没有刻意强调她的辛苦，也从未要求他表达感谢，但她对陈晓的爱，早已融入了每天的饭盒之中。陈晓感激地抱住了母亲，第一次对她说出了"谢谢"。

这个故事说明，家庭中的关怀往往是无声的，通过生活中的细微之处传达出来。母亲的每一个小举动，表面上看起来只是日常琐事，但包含了她对孩子深厚的爱与责任感。

父亲的默默支持：细节中的无声力量

有时，家庭中的爱与关怀并不总是直接的言语表达，更多时候，它是通过行动和细节呈现的。

老张是一位严肃寡言的父亲。他的儿子张天天从小学习成绩并不突出，尤其在体育运动上常常表现得很差。尽管老张一直对儿子寄予厚望，但他从不责备或批评张天天。相反，他通过默默的行动，给予了儿子无声的支持。

张天天在初中时参加了校内的田径比赛，虽然他努力练习，但每次测试成绩都不尽如人意。张天天对自己越来越没有信心，甚至萌生了放弃的念头。一天晚上，父亲像往常一样在饭后散步。不同的是，这次他突然对张天天说："今天你要不要陪我一起跑跑步？"这是老张第一次主动邀请张天天参加运动。

起初，张天天并没有太大的兴趣，但在父亲的坚持下，勉强同意了。在跑步过程中，老张并没有给予张天天太多指示或建议，而是默默陪伴着他，用自己的步伐引导儿子找到节奏。每当张天天累了想停下来时，老张总会轻声说一句："再坚持一下。"就这样，父亲和儿子坚持了下来。

这个简单的散步跑步，逐渐成了父子间的固定习惯。父亲从未强迫儿子，而是通过每天的陪伴，帮助他建立起坚持的信念。通过这段时间的共同锻炼，张天天逐渐找回了对田径比赛的信心，并在后来的比赛中取得了不错的成绩。

多年以后，张天天回忆起这段往事时，才真正明白了父亲当时的良苦用心。老张并没有通过言语来批评或鼓励儿子，而是通过日常的陪伴和行动，默默给予了他支持和信心。父亲的爱与关怀，并不像母亲那样细腻体贴，但正是这种无声的支持，让张天天在迷茫和困惑中找到了前进的方向。

祖父的教诲：生活中的智慧传承

在中国的传统家庭中，祖父母对孙辈的关怀往往带有浓厚的文化与生活智慧。祖父母用他们一生的经验和智慧，通过生活中的点滴细节，影响着家庭的后辈。

李明明的祖父是一个地地道道的农民，朴实无华。他对待生活有着独特的见解，尤其是在如何与自然相处、如何体会生活的美好方面。小时候，李明明总是和祖父一起到田里干活，祖父教他如何辨别成熟的庄稼，如何用最简单的工具干出最有效的农活。每一个小动作背后，都蕴含着祖父几十年积累的经验与智慧。

有一次，李明明问祖父："为什么要那么细心地处理每一株庄稼，很多人家都随便弄弄？"祖父笑了笑，说："一粒米要经过几个月才能长成，少一点水、少一点肥，可能就长不好。人活在世上，事情大多如此，细心一点，生活才会有滋味。"

这句话深深影响了李明明。在祖父看来，生活的每一个细节都是值得用心对待的，只有对每一件小事都保持敬畏与专注，才能把生活过得充实而美好。李明明后来回忆起与祖父的这段时光时，总感慨自己从中学到了"用心"的重要性。

正是祖父这种润物细无声的教诲，让李明明学会了细心观察与用心生活。祖父从未给李明明讲过大道理，但他通过自己的一言一行，向李明明展示了如何通过细节去体验生活的美好，如何用耐心与智慧去解决日常的难题。

家庭中的无声关怀：爱的细节

无论是母亲通过每天准备饭盒的细致照顾，父亲用行动来支持孩子，还是祖父在日常生活中传递的生活智慧，家庭中的爱往往是无声的。它不一定通过大张旗鼓的语言表达或隆重的仪式来体现，而是在生活的细微之处悄然展现。

家庭中的每一个小细节，可能在当下并不引人注目，但它们积累起来，构成了我们一生中最宝贵的记忆与感情财富。

家庭中的这些关怀，润物细无声，却温暖持久。它们在每一顿饭、每一次相伴、每一声叮嘱中展现，通过这些细微的行为，家庭成员之间的情感得以维系和传承。

这种细致入微的关怀，不仅温暖了我们的童年时光，也塑造了我们的人格，让我们在面对生活中的困难与挑战时，能够更加坚强与从容。

家庭是一个人情感的起点，也是关怀与爱的发源地。在家庭中，爱常常通过无声的细节传达出来，虽然它没有惊天动地的表达，却在我们生活的每个角落中潜移默化地影响着我们。

润物细无声，家庭中的关怀就是如此。无论是母亲的饭盒，父亲的支持，还是祖父的教诲，细节中的爱不仅让我们感到温暖，更塑造了我们的价值观与人生观。

在这个快节奏的时代，学会珍视家庭中的这些细微之处，让我们更加体会到生活的真谛和亲情的可贵。正是这些点滴的关怀，会聚成了我们一生中最温暖的记忆，成为支持我们不断前行的力量。

健康无小事

在现代社会的快节奏生活中，许多人常常忽视健康的重要性。工作压力大、时间紧张、生活节奏快，导致许多人无法关注到日常生活中的健康细节。然而，健康是生活的基石，没有健康，事业的成就、家庭的幸福、个人的追求都将难以为继。

正如古话所言："千里之行，始于足下。"同样，强健的体魄也始于对健康细节的关注与管理。只有从细节入手，体察日常生活中的点点滴滴，才能塑造出强健的体魄，拥抱充实的人生。

健康并不只是大病初愈的结果，而是通过日常生活中的点滴积累而成。通过注重日常饮食、睡眠、运动和心理健康的细节，我们可以有效预防疾病、增强体质，进而提高生活质量。下面将通过具体的故事和例子，探讨如何从健康的细节着手，帮助我们更好地管理身体，保持强健的体魄。

饮食中的健康细节：细致调理，滋养身体

古人有云："病从口入，祸从口出。"饮食对于健康的影响不言而喻。现代社会的繁忙节奏让许多人忽视了饮食的重要性，暴饮暴食、营养失衡等问题屡见不鲜，长此以往，身体会积累下大量的健康隐患。

因此，饮食是我们管理健康的首要环节，而健康的饮食不仅仅是吃

得饱、吃得好，更是要吃得细致、吃得合理。

三餐有节，细致调理

饮食健康的第一步，是养成规律饮食的习惯。现代生活中，许多人因为工作繁忙，常常忽视早餐，或是在午餐、晚餐时暴饮暴食，导致肠胃负担过重。长期不规律的饮食习惯，不仅会削弱消化系统的功能，还可能导致胃病、肥胖等健康问题。

职场精英小王的工作节奏极快，每天因为加班晚归，常常随便吃点快餐应付了事。早餐更是简单得可怜，甚至有时为了节省时间直接跳过。长期的这种饮食习惯，让他在30岁时就出现了胃痛、消化不良的症状。

去医院检查后，医生告诫他必须重新调整饮食，养成规律的三餐习惯，否则长期这样下去，不仅会影响工作效率，还可能引发更严重的健康问题。

经过医生的建议，小王开始注重三餐的规律性，尤其是早餐的质量。他每天提前半小时起床，准备富含纤维、蛋白质和适量碳水化合物的早餐，午餐尽量选择清淡营养的菜肴，晚餐则控制进食量，避免睡前进食过多。

三个月后，小王的胃痛明显好转，身体的疲惫感也逐渐消失了。规律饮食不仅让他恢复了健康，还让他在工作中精力充沛、效率更高。

这个故事告诉我们，规律的饮食习惯对于健康至关重要。通过合理安排三餐，调节饮食的时间和质量，身体的自我修复能力可以得到最大限度地发挥，从而塑造出更强健的体魄。

营养均衡，细心搭配

除了三餐有节，饮食的营养搭配也是决定健康的重要因素。中国传统饮食文化强调"阴阳平衡，五味调和"，现代营养学同样提倡营养均衡的重要性。

许多人在饮食中容易过度偏重某一类食物，或是由于口味偏好、工作繁忙等原因，长期食用高油、高盐、高糖的食品，导致营养失衡，增加了患上心血管疾病、糖尿病等慢性病的风险。

细心搭配食物种类，可以有效改善这一问题。比如在准备每日餐食时，可以注重"食物多样化"的原则，保证每顿饭中有适量的蔬菜、水果、蛋白质和碳水化合物的摄入，同时减少油腻、过甜或过咸的食物。

每天摄入不同种类的蔬菜和水果，既能够补充丰富的维生素和矿物质，又能提供抗氧化物质，有效延缓衰老。

一位退休的老教师张奶奶便深谙此道。她年轻时曾患有轻微的高血压，但通过多年的饮食调整，她的血压保持得非常平稳。

张奶奶每天在家做饭时，总是注意菜肴的多样化，少油少盐，搭配多种蔬菜和优质蛋白。她认为"五色入五脏"，不同颜色的食物对身体不同器官有益，所以她的每顿饭都尽量做到色彩丰富，营养均衡。正是这种细致的饮食调理，使得张奶奶在80岁高龄时依然身体健康，精力充沛。

运动中的健康细节：日积月累，强健体魄

除了饮食，运动是塑造健康体魄的另一重要途径。现代医学研究表明，运动不仅能够增强体质、预防疾病，还可以帮助调节情绪、提升心理健康。

很多人对运动的认知还停留在"短期冲刺"上，认为每周一两次的高强度运动就足以保持健康。事实上，运动和健康的关系更注重长期的

积累和日常的习惯，而不仅仅是偶尔的运动。

每天坚持运动，积少成多

很多人由于工作繁忙，认为很难抽出大段时间进行系统的锻炼。然而，健康并不一定要求我们进行高强度的运动，每天适度的运动就足以改善身体状况。

例如，每天30分钟的步行、慢跑或骑行，长期坚持下来，就能有效增强心肺功能，帮助控制体重，预防肥胖相关的慢性病。

中国围棋大师聂卫平在他繁忙的职业生涯中，尽管工作时间不固定，但他始终保持着每天至少30分钟的散步习惯。对于聂卫平来说，围棋比赛需要高度的专注力和脑力消耗，而规律的散步不仅帮助他保持了身体健康，还能在散步过程中调整思路、放松心情。正是这种看似简单却日积月累的运动习惯，让他在长时间的比赛和训练中保持了稳定的状态。

我们可以效仿聂卫平的做法，无论多忙碌，每天都为自己预留一段时间进行轻松的运动。长时间坚持下去，这些"小运动"终将累积成大效果，让身体更加健康、精力更加充沛。

科学规划运动，避免过度劳累

适度运动能够增强体质，但过度运动反而可能伤害身体。很多人在开始锻炼时，怀着极高的热情，想要迅速通过高强度的运动来达到健身效果。然而，这样的急功近利往往适得其反。运动过度不仅会造成肌肉疲劳、关节损伤，还可能削弱免疫系统，让身体变得更脆弱。

陈先生是一位40岁出头的白领，平时因为工作繁忙，很少运动。一次体检中，医生告诉他血压偏高，建议他加强运动。于是，陈先生开始拼命锻炼，每天进行长时间的跑步和力量训练，希望通过短期的高强度运动来恢复健康。

可没过几天，他就感觉关节疼痛，疲惫不堪，甚至开始失眠。去医院检查后，医生告诉他，他的身体还没有适应如此高强度的运动，应该循序渐进，科学安排运动量。

运动并不是一蹴而就的事情。要想通过运动获得健康，关键在于科学规划运动强度，循序渐进地增加运动量，并注意身体的反馈。适时的休息和恢复，和运动本身同样重要。

睡眠的重要性：细节决定健康质量

睡眠是维持身体健康的基础之一，现代科学已经证明，充足而优质的睡眠对于人体的免疫系统、记忆力、情绪稳定性以及新陈代谢都起着至关重要的作用。许多人由于工作压力或不良的生活习惯，导致长期睡眠不足或质量低下，从而影响身体健康。睡眠质量的提高同样依赖于对细节的关注与调控。

创建良好的睡眠环境

良好的睡眠环境是提高睡眠质量的关键细节之一。睡眠环境的舒适性不仅能帮助我们更快入睡，还能让睡眠过程更加深沉，从而更好地恢复精力。

一个优质的睡眠环境包括以下几个方面：

光线管理：卧室内应尽量保持黑暗。过强的光线会干扰大脑中的褪黑素分泌，导致难以入睡或睡眠浅。使用遮光窗帘或戴上眼罩可以有效提升睡眠质量。

噪声控制：安静的环境有助于身体和大脑的放松。避免睡前接触噪音源，如关掉电视或使用耳塞，可以帮助我们更快进入深度睡眠。

温度调节：适宜的室温对于高质量睡眠至关重要。科学研究表明，18℃至22℃是最适合睡眠的温度。过高或过低的温度都会导致身体不适，影响睡眠的持续性和深度。

舒适的床具：床垫的硬度、枕头的高度和材质也影响着我们的睡眠质量。一个支撑良好的床垫和柔软舒适的枕头有助于缓解身体压力，使全身放松，从而更好地进入睡眠状态。

通过注重这些细节，改善睡眠环境，我们可以为身体创造出更佳的休息条件，让每晚的睡眠真正起到恢复体力、调整情绪的作用。

保持规律的作息时间

除了睡眠环境，规律的作息时间也是确保优质睡眠的重要细节。现代人往往因为工作或社交生活的不规律，导致睡眠时间的不稳定。长期睡眠时间不规律会扰乱人体的生物钟，打乱体内激素分泌的节奏，影响身体的自我修复和免疫力。

养成固定的睡眠时间，有助于身体形成稳定的生物节律，让大脑和身体更容易在规定的时间入睡。我们可以设定一个固定的睡觉和起床时间，并严格遵守，即使在周末也尽量保持规律的作息习惯。长期坚持这种细节管理，可以让身体逐渐适应固定的生物钟，提高睡眠效率和质量。

睡前的细节准备

睡前的一小时，是为高质量睡眠做准备的关键时期。在这个时间段内，我们可以通过一些简单的细节调整，帮助身体和大脑进入放松状态，为睡眠做铺垫。

减少电子产品的使用：手机、电脑和电视屏幕发出的蓝光会抑制褪黑素的分泌，导致入睡困难。因此，建议在睡前一小时尽量避免使用电子产品，或开启蓝光过滤功能，让眼睛和大脑得到休息。

养成放松习惯：在睡前，可以通过一些放松活动，如阅读一本轻松的书、做几分钟的冥想或呼吸练习，帮助自己逐渐进入宁静的状态。这些细节上的放松技巧能够有效缓解一天的紧张情绪，促进快速入睡。

避免刺激性饮食：睡前避免摄入咖啡、浓茶、巧克力等含有兴奋剂的食物，也不要进食过多的油腻或辛辣食物，以免增加消化负担，干扰睡眠质量。

心理健康：情绪与精神的细致呵护

心理健康是健康的重要组成部分，而情绪管理和心理调适同样依赖于对细节的关注。情绪的波动、压力的积累、负面情绪的无法释放，都会对身体健康产生直接的影响。因此，关注情绪的细节变化，及时进行心理调节，是保持身体和心理健康的关键。

正确认识情绪波动

情绪的起伏是正常的，健康的生活中不可能没有情绪波动，但关键是如何应对和处理这些情绪。细心体察情绪的来源，是心理健康管理中的重要步骤。

当我们感到压力或情绪低落时，应该花一些时间去分析这些情绪的原因，并找到适当的方式进行疏导，而不是压抑或忽视它们。

例如，当我们面对突发的工作压力时，可以通过深呼吸、与朋友交流，甚至做一些放松的运动，来帮助自己疏解内心的紧张感。而当负面情绪积累过多时，不妨通过书写日记、冥想等方式，将情绪合理表达和释放出来。

设定积极的心理暗示

心理学中有一个概念叫作"积极暗示",即通过语言和思维方式对自我进行积极的引导和鼓励。每天给自己设定一些正面的心理暗示,如"我可以做到""今天会是美好的一天",可以帮助我们塑造积极的心态,减少焦虑感和压力。

积极的心理暗示虽然看似简单,但长期坚持,能有效改善心理状态,增强我们的应对能力。在繁忙的生活中,正面情绪的积累不仅有助于提高工作效率,还能帮助我们更好地面对各种挑战,减少压力带来的负面影响。

通过细节创造积极的生活氛围

良好的生活氛围对心理健康有着积极的影响。我们可以通过一些生活细节来营造轻松愉快的环境,增强心理的积极性。例如,给家里布置一些绿色植物,或者在工作间放一些小装饰品,能够改善视觉和心情,让生活充满美感与舒适感。

此外,在忙碌的工作之余,安排适当的娱乐活动也是保持心理健康的重要方式。无论是与家人朋友聚会,还是偶尔外出旅行,这些愉快的生活经历能够缓解压力,增加幸福感。

健康无小事,每一个健康细节都决定着我们未来生活的质量。从饮食到运动,从睡眠到心理健康,所有的细节都在塑造着我们今天的体魄和明天的生活。通过关注日常生活中的每一个健康细节,我们可以逐步改善生活质量,增强体质,提升情绪,最终塑造出强健的体魄与积极的心态。

健康管理是一项持续的过程,需要我们在点滴中积累、在细节中提升。正如我们在生活中对待工作、学习一样,唯有细心、耐心和恒心,才能在漫长的时光中看到健康的回报。

身体与心灵的健康不是一蹴而就的，而是通过对细节的关注和精细管理，逐步成就的。希望我们每个人都能从今天开始，从细微之处入手，体察健康的细节，塑造出强健体魄，享受丰盈美好的生活。

拿捏分寸，掌控节奏

在我们日常生活与工作中，时间和精力的管理就如同一场高难度的表演，只有精确掌控节奏，才能让每一分每一秒发挥其最大的价值。

无论是事业的成功，还是生活的幸福感，背后都离不开对时间和精力的细致管理。如果我们忽略了这一点，往往会陷入时间流逝却没有成就感，精力耗尽却收获寥寥的困境。

正所谓"分寸拿捏"，要想在人生的舞台上游刃有余，我们必须学会掌握时间与精力的平衡，并通过对细节的关注，实现高效能生活。

现代社会节奏快、任务繁重，如何在有限的时间里分配精力、安排任务，成为每个人需要面对的重要问题。掌控好时间与精力，不仅是提高效率的关键，更是实现个人成长和生活幸福的基础。

我们将探讨如何通过细致的时间规划和精力管理，找到生活和工作的节奏，在紧张的节奏中既能高效工作，又能保持内心的宁静与充实。

时间的分配与管理：在细节中找准节奏

时间管理是一门艺术，尤其是在现代社会，如何在繁忙的工作与生活中，合理分配时间，实现高效运作，是每个人都要面临的挑战。掌控时间的节奏，不仅是让自己看起来"很忙"，更是要通过有效地规划和合理安排，使每一分每一秒都得到最大化地利用。

设定目标：清晰时间规划的基础

时间管理的第一步是设定目标。没有明确的目标，时间很容易在不经意间被浪费。设定清晰的目标不仅能够帮助我们理清思路，还能让我们在面对繁重任务时，知道哪些事情应该优先处理，哪些事情可以暂时搁置。

例如，工作中我们常常面临无数的待办事项：项目汇报、邮件处理、会议安排等，这些任务看似繁杂，但通过设定目标，我们可以将事情按照轻重缓急进行分类，优先完成那些与核心目标直接相关的任务。这样，我们就能有效避免被不重要的琐事占据时间，从而提升工作的效率。

任务优先级：抓住最重要的事情

管理时间不仅仅是安排任务，还要学会任务的优先级排序。工作中的待办事项往往很多，如果不懂得分轻重缓急，往往容易陷入忙碌但低效的状态。优先处理那些对目标影响最大、最能带来成果的任务，才能让时间管理事半功倍。

我们可以根据任务的紧急性和重要性，合理分配时间。通过将任务分为四类：紧急且重要、重要但不紧急、紧急但不重要、不紧急且不重要，我们可以更加明确地知道哪些事情应该优先完成，哪些事情可以延后或委派给他人。这样，我们可以避免在低效的工作中浪费时间，将精力集中在最重要的任务上。

例如，一位刚入职的年轻职员小刘，每天都忙得团团转，却总觉得无法完成工作任务。后来在经理的建议下，他开始对任务进行科学分类，发现自己过去经常把精力浪费在处理一些紧急但并不重要的琐事上，忽视了真正对工作有推动作用的核心任务。调整之后，小刘的工作效率明显提升，不再因为处理低效事务而疲于奔命。

划分时间段：让任务"有序进行"

时间管理中，还有一个非常重要的细节，就是将大任务拆分为多个时间段，避免陷入"一大堆任务扑面而来"的焦虑感。无论是大型项目，还是日常事务，我们都可以通过"时间切块"的方式，把工作分成可操作的小任务，并分配到具体的时间段中进行。

"番茄工作法"就是一种经典的时间切块管理方法。通过每工作25分钟休息5分钟的模式，将工作时间分割成若干小段，这样既可以保持专注，又不会让长时间的工作带来身心的疲劳。这种管理方法不仅能够提高工作效率，还能避免因任务过于庞大而产生的拖延症。

比如，一位作家在写作时发现，长时间连续写作常常会让他感到疲惫，思路阻塞，于是他开始使用"番茄工作法"进行时间管理。每写作25分钟，他就会短暂休息5分钟，活动身体或放松一下。结果，这种方法不仅提高了写作效率，还让他保持了长时间的专注力，工作完成度也大幅提升。

通过细致划分时间段，任务不再显得庞大和难以完成，我们可以清晰地看到每一步的进展，这种可控的节奏感让时间管理变得更加轻松自如。

精力的管理与调控：让身体与精神保持最佳状态

除了时间，精力的管理同样重要。精力是我们在日常生活和工作中完成任务的"燃料"，没有足够的精力，即使有再多的时间也无法高效利用。因此，如何保持旺盛的精力，成为我们需要关注的另一个重要细节。

保持充足睡眠：精力管理的基础

健康的生活习惯是精力管理的根本，而充足的睡眠是其中最关键的因素之一。睡眠不足不仅会导致疲劳，还会影响注意力、记忆力和情绪控制能力，从而大大降低工作效率。因此，保持规律的作息和高质量的睡眠，是精力管理的首要任务。

长期熬夜或睡眠不足，往往会让人处于亚健康状态。即使勉强完成了工作，效率和质量也大打折扣。许多职场人士在经历了一段时间的熬夜加班后，发现身体开始出现各种不适症状，如头痛、记忆力下降等。通过重新调整作息时间，保证每天7到8小时的充足睡眠，可以有效提升第二天的精力状态。

例如，著名作家村上春树非常注重睡眠和作息。他每天早晨4点起床，工作5小时后，下午安排2到3小时的锻炼或休息，晚上早早上床休息。这种规律的生活作息帮助他保持了充沛的精力，长期保持高效的创作力。

科学安排工作与休息：保持节奏中的平衡

在高效工作中，合理安排工作与休息的节奏至关重要。许多人在工作时为了追求效率而忽略了休息，结果往往适得其反。过度工作会导致精力迅速消耗，导致疲劳积累，工作效率反而下降。相反，科学安排休息时间，不仅能恢复精力，还能提高工作中的专注力。

"劳逸结合"是保持精力管理的核心原则。我们可以在每天的工作中安排一些短暂的休息时间，比如每工作1到2小时后，适当活动一下身体，放松眼睛和大脑，减少长时间工作带来的疲惫感。

通过这种方式，我们可以更好地保持精力的持续性，而不至于因为长时间高强度工作而导致精力枯竭。

健康饮食与运动：提高精力的持久性

保持精力旺盛还需要从饮食和运动入手。健康的饮食习惯能够为我们提供充足的能量，而适当的运动则能增强体质，提升精力的持久性。

我们每天的饮食应尽量避免高油、高糖、高盐的食物，这些不健康的饮食会增加身体负担，导致精力下降。相反，多吃富含蛋白质、纤维素和维生素的食物，可以为身体提供更稳定的能量，帮助我们保持充沛的精力。

运动也是精力管理中不可忽视的部分。通过适当的有氧运动，如慢跑、游泳、瑜伽等，可以有效提升身体的耐力和心肺功能，帮助我们在长时间工作中保持精力充沛。此外，运动还能帮助减轻压力，释放大脑中的压力荷尔蒙，从而提升心理状态，让我们以更积极的心态投入工作。

节奏掌控：在生活与工作之间找到平衡

时间和精力的管理不仅是为了提升工作效率，还应该为我们的生活带来更多的平衡与充实感。在忙碌的工作之余，学会掌控生活节奏，享受生活中的每一个细节，才是管理时间与精力的终极目标。

设定界限：工作与生活的分界线

在信息化时代，工作与生活的界限越来越模糊。许多人下班后仍然被工作邮件、电话缠身，导致无法完全放松，生活节奏被打乱。因此，设定明确的界限，是保持生活与工作平衡的关键细节。

我们可以设定一个时间点，比如晚上7点后不再处理工作事务，或者在周末完全放下工作，专注于与家人共处、培养个人兴趣等。通过这种方式，我们能够有效区分工作时间和生活时间，避免工作对生活的过度侵占，让自己的心灵和身体得到充分的休息。

培养兴趣爱好：调节生活节奏的关键

除了工作，兴趣爱好是调节生活节奏的重要方式。无论是读书、绘画、音乐，还是运动、旅行，这些兴趣爱好能够帮助我们放松心情，恢复精力，提升生活的幸福感。

通过兴趣爱好的培养，我们可以在工作之余找到情感的出口，恢复精力，从而在生活和工作中保持平衡。

分寸拿捏，掌控节奏，是时间与精力管理的核心。通过细致的时间分配、科学的精力管理，以及在生活和工作之间找到节奏的平衡，我们可以实现高效能的生活。在现代社会中，掌握好时间与精力的管理技巧，不仅能提升我们的工作效率，还能让我们拥有更加充实和幸福的生活。

正如古人所言："工欲善其事，必先利其器。"时间与精力就是我们生活中最重要的工具，只有掌握好这些细节，才能成就真正丰盈的人生。

心如止水，细观内心

在我们忙碌而充满挑战的现代生活中，情绪管理已经成为个人成长和幸福生活的一个核心主题。无论是在工作中面对的压力，还是在家庭中处理的各种琐事，情绪的波动总是无处不在。

情绪如水，随着生活中的波折和挑战起伏不定。如果不加以管理，它们可能淹没我们的理智和决策力，影响到我们的健康、工作效率和人际关系。所以，我们一定要做好情绪管理。

情绪管理并非要压抑或消灭情感，而是要通过对内心的细致观察和精微调控，找到内心的平衡点，使情绪平和如水、心境宁静如止。

在中国古代文化中，"心如止水"的境界被广泛推崇，这种心境不仅强调对外界事物的淡然和从容，更强调对内心世界的细致观察与掌控。

现代心理学与这一理念不谋而合，认为情绪的产生与我们的内在反应机制密切相关，真正有效的情绪管理源于对内心细微变化的感知和调节。

通过修炼内心的智慧，我们可以学会不被情绪所左右，做到"心如止水"，进而在纷繁复杂的世界中保持内心的平静与安宁。

情绪的产生与管理

情绪是人类对外界刺激的一种自然反应。无论是愤怒、焦虑、悲伤，还是快乐、兴奋，情绪的波动往往由外部事件触发。然而，不同的人面对同样的外部事件，其情绪反应却千差万别，这正是因为每个人对事件的内心解读不同。因此，情绪的管理，不在于试图改变外部世界，而在于如何改变我们对外界刺激的反应模式。

识别情绪

情绪管理的第一步是识别情绪。我们常常会发现，自己突然陷入愤怒、焦虑或悲伤的情绪中，却不明白为什么会有这样的反应。这种情绪的"失控感"让我们无所适从。因此，学会识别和命名情绪，是有效管理情绪的第一步。

心理学家常用"情绪温度计"来帮助人们理解自己的情绪。当我们感到情绪波动时，可以试着问自己以下几个问题：

我现在具体感受到的是什么情绪？是愤怒、焦虑、失落，还是疲惫、压力大？

这种情绪的强度有多大？是轻微的波动，还是强烈的情绪冲击？

引发这个情绪的具体事件是什么？是工作上的挫折，还是生活中的不如意？

我对此情绪的身体反应是什么？心跳加速、呼吸急促，还是全身紧绷？

通过这些问题，我们可以更清楚地识别情绪，并了解情绪背后的触发机制。这不仅帮助我们在情绪来临时保持清醒，也为后续的情绪调节打下了基础。

例如，一位职场女性小李，平时工作压力大，经常感到焦虑和易怒。通过自我情绪识别，她发现每当上司给她下达紧急任务时，她都会感到强烈的焦虑和无力感。

进一步探究后，小李意识到，自己对这些任务的焦虑并不是因为任务本身，而是源自她对自己能力的不自信。

认识到这一点后，小李开始有意识地调整自己的内心想法，告诉自己"我有能力完成任务"，并逐步减少了对任务的过度担忧。

理解情绪的"触发点"

每个人都有自己独特的情绪触发点，这些触发点通常源于我们过去的经历、内心的信念和对自我的认知。例如，有些人对批评特别敏感，可能因为他们成长过程中常常受到父母的严厉批评，导致自我价值感受损；有些人对失败感到极度焦虑，可能源于他们对成功的强烈渴望。

理解自己的情绪触发点，能够帮助我们在情绪产生时，意识到其背后的根源，并避免情绪的无意识放大。比如，如果我们知道自己容易因为工作中的批评而感到情绪失控，那么在接到负面反馈时，我们可以提前做好心理准备，告诉自己"这是工作中的常态"，从而避免陷入情绪的旋涡。

在美国心理学家阿尔伯特·艾利斯提出的理性情绪行为疗法中，情绪反应被认为是由个体的信念系统所驱动的。外部事件并不会直接导致我们的情绪，而是我们对这些事件的解读和信念决定了我们的情绪反应。

通过改变我们对事件的认知，我们可以有效控制情绪的强度。例如，一次工作中的失误，不一定意味着我们的能力不足，也不一定会导致严重的后果。通过改变我们对失败的认知，我们可以有效减少焦虑和自我怀疑。

细致调节情绪

识别情绪和理解情绪背后的触发机制，是情绪管理的基础，而情绪调节则是将这些认知付诸实践，通过实际的行动来管理和引导情绪，使我们从容应对日常生活中的情绪波动。

停下来给情绪降温

当我们感到情绪波动时，最简单且最有效的一个方法就是停下来。情绪往往具有极大的即时性，愤怒、恐惧和焦虑这些强烈的情绪，通常在一瞬间便会冲击我们的内心，而在情绪的高峰期，我们的判断力往往会受到情绪的干扰，导致冲动的言行。因此，学会在情绪高涨时暂停，是避免情绪失控的重要方法。

古人讲"三思而后行"，正是告诫人们在情绪来袭时，不要立刻做出反应，而是给自己一些时间来思考。心理学中也提倡"情绪冷却法"，即当我们感到强烈情绪时，不妨让自己深呼吸几次，或暂时离开触发情绪的环境，这样可以帮助大脑从情绪中脱离出来，恢复理智。

比如，一位父亲在面对孩子不听话时，常常会感到愤怒，忍不住想要大声责备孩子。然而，当他意识到自己的情绪高涨时，选择暂时走出房间，给自己几分钟时间平复心情，再返回房间与孩子沟通。

结果，他发现这样不仅避免了情绪失控，还能够更理性地与孩子交流，最终找到解决问题的办法。

呼吸调节

呼吸调节是情绪管理中一个非常有效的工具。当我们情绪波动时，身体的第一反应往往是呼吸加快、心跳加速。而通过深呼吸、放慢呼吸频率，我们可以有效降低身体的紧张状态，从而缓解情绪波动。

简单的深呼吸练习，如腹式呼吸，可以帮助我们在情绪波动时快速恢复平静。深吸一口气，让空气填满腹部，缓缓呼出，重复数次，便能感受到情绪的缓和。这种呼吸调节法不仅能够帮助我们应对情绪的瞬时波动，长期坚持还可以提升我们对情绪的掌控力。

例如，职场中的小赵是一名销售人员，经常要面对客户的挑剔与拒绝。每当客户态度强硬时，小赵都感到内心的焦虑和不安难以抑制。

后来，他学会了深呼吸的技巧，每次遇到紧张时刻，他会先深呼吸几次，调整好情绪，然后再理性应对客户的质疑。这个小技巧帮助小赵在工作中保持了良好的情绪管理能力，也提高了他的工作表现。

积极地自我对话

语言不仅是我们与外界沟通的工具，还是我们与自己内心交流的途径。当情绪来袭时，积极的自我对话能够有效缓解情绪压力，帮助我们重获理智。自我对话的核心在于用积极、理性的语言取代消极、情绪化的内心独白。

当我们感到焦虑时，不妨在内心对自己说："我能够应对这个挑战，我有能力解决问题。"当我们感到失望时，可以告诉自己："失败是成长的一部分，下次我会做得更好。"通过这种积极的语言引导，我们可以改变对事情的认知，进而调整情绪状态。

例如，一位年轻创业者在面临投资失败时，内心充满了挫败感和自我怀疑。经过心理咨询师的建议，他开始练习自我对话，每当他陷入消极情绪时，便提醒自己："失败只是暂时的，我有能力重新开始。"这种自我对话不仅帮助他调整了心态，也让他在后续的创业过程中更加从容自信。

培养"心如止水"的内在力量

情绪管理并非一时一刻的技巧，而是一种需要长期修炼的能力。只有通过持续的情绪调养，才能真正达到"心如止水"的境界。在这个过程中，我们可以通过一些日常的习惯养成和内心修炼，提升对情绪的掌控力。

冥想与正念练习

冥想和正念练习是现代心理学中非常推崇的情绪管理方法。冥想通过专注呼吸、身体感知等方式，帮助我们与内心深处的自己建立连接，学会在当下放下情绪的波动，感受内在的平静。

正念则是一种专注于当下的练习，帮助我们不再纠结过去或未来，而是全然地体验当下的感受。通过正念练习，我们能够更敏锐地感知到情绪的产生，并在情绪波动前及时调整自己。

寻求社交支持

情绪管理不仅是个人的内在修炼，社交支持也是情绪调节的重要力量。与朋友、家人或心理咨询师进行沟通，能够帮助我们更好地疏解情绪压力。

在面对困难时，社交支持可以提供情感上的慰藉和实际上的建议，帮助我们更好地应对生活中的挑战。

情绪管理是一门深厚的智慧，它不仅关乎我们的内心世界，还关乎我们如何与外界互动。通过细致的观察和调节情绪，我们能够达到"心如止水"的状态，在繁忙的生活中找到内在的平静与从容。

情绪的波动是人生中的常态，通过掌控情绪的精微智慧，我们可以不被情绪左右，活出更加丰盈而充实的生活。

第三章

点滴情感，
心灵的深处连接

沟通中的细节艺术

虚怀若谷，听音观微

小处不失，大爱无言

细节决定胜负

沟通中的细节艺术

在人与人的交往中，语言是沟通的工具，但它并不是唯一的桥梁。许多时候，沟通的成功不在于说了什么，而在于如何说。

沟通中的细节，如语调、眼神、姿态、反应，无不影响着交流的效果，在无声中决定着谈判和交流的成败。

古人更是深谙此道，他们在沟通中的细微观察、应对反应、话术调整等，展现了沟通中的艺术和智慧。

诸葛亮与孙权的谈判便是一个生动的例子。在那个战火纷飞、政治形势复杂的时代，东吴与蜀汉的联盟对抗曹魏势在必行。为了争取东吴的支持，诸葛亮亲赴江东，与孙权展开了一场言辞与智慧的交锋。

这场外交谈判，不仅考验了诸葛亮的才智，更展示了沟通中的细节艺术。最终，他凭借对孙权心理的精准把握、灵活的话术调整以及敏锐的观察力，成功说服了孙权，为后来的赤壁之战奠定了坚实的基础。

初入江东：形势微妙中的观察与倾听

诸葛亮初次踏入江东，面对的是一位年轻的主公——孙权。此时，孙权正处在两难的境地。一方面，曹操的威胁步步紧逼，若不联合刘备抵抗，东吴可能会失去生存空间；另一方面，若联合蜀汉，孙权又担心蜀汉的实力不足以共同对抗强大的曹魏。诸葛亮深知，孙权虽然年轻，但他并非简单之辈，要想说服他，必须慎重行事。

在与孙权的初次会面中，诸葛亮没有急于展开长篇大论，也没有贸然提出联合的主张。相反，他选择了一种更为稳妥的方式——仔细观察孙权的态度。他通过孙权的言辞、表情、语气，揣摩这位年轻主公的真实想法。

在谈话的开始，孙权虽态度和善，但话语中夹杂着一些犀利的试探。诸葛亮敏锐地捕捉到了孙权的试探性问题，他意识到，孙权此刻的内心深处充满了对蜀汉实力的疑虑。此时，诸葛亮并没有急于反驳或辩解，而是选择了耐心倾听和微笑回应。他的这份从容与稳重，无形中为他赢得了孙权的初步好感。

在这段开场的交锋中，诸葛亮通过观察与倾听，巧妙地掌握了孙权的心理状态。通过孙权偶尔的沉默和稍显急促的语速，诸葛亮明白，孙权心中其实已对曹操的威胁感到不安，但尚未找到一个最佳的应对方案。于是，他决定逐步引导，先让孙权认识到曹操的强大，并间接点出蜀汉和东吴联合的潜在可能。

机锋对答：灵活调整中的话术策略

经过一番观察与倾听，诸葛亮开始渐渐掌握谈话的主动权。他明白，孙权对东吴的安危格外关注，而此时，曹操的强大已成为所有人的共识。

于是，他决定在接下来的谈话中，调整话术，以曹操的强大作为切入点，引导孙权做出对自己最有利的选择。

诸葛亮笑着说："如今曹操大军压境，天下英雄皆畏其锋芒，东吴虽地势险要，但若孤军奋战，恐难以为继。"他话语虽柔和，但字里行间却暗示了孙权所面临的巨大威胁。

孙权此时眉头紧锁，显然对这个局势也感到无奈。然而，诸葛亮并未继续给他施加压力，而是话锋一转，缓和了语气道："然则东吴兵强马壮，江河险固，曹操虽强，亦不敢轻易冒犯。若能有同盟为助，岂不更加稳固？"

孙权稍稍舒展了眉头，意识到诸葛亮的意图。他试探性地反问道："先生之意，莫非要与东吴联手共抗曹操？"这时，孙权话语中的犀利减少了几分，语气也不再那么咄咄逼人。

诸葛亮察觉到了孙权态度的微妙变化，意识到对方的戒备心正在慢慢消退，便进一步调整自己的话术，变得更加谦和。他并没有急于推销蜀汉与东吴联合的主张，而是巧妙地借孙权之口，顺势引导孙权自己提出这个议题。他说："天下大势，合则强，分则弱，蜀汉虽小，但心怀天下，与东吴有着共同的敌人——曹操。若是能携手并进，必能共谋大业。"

诸葛亮这番话不仅显示了他对形势的清晰把握，更让孙权有了自己做出决定的空间。他并没有直接建议东吴该如何，而是通过这种灵活的语言技巧，让孙权感受到自己有主动选择的权利。这种谈判艺术让孙权既保全了面子，又感到诸葛亮是一个值得信任的盟友。

沉稳应对：掌握谈判中的细节分寸

在谈话的后半段，孙权对诸葛亮表现出了更多的兴趣。他开始主动询问蜀汉的军事实力和未来的战略意图。

诸葛亮知道，这意味着谈判已取得了初步成功，但也意识到此时任何过度的表现都会适得其反。

在这个阶段，诸葛亮保持着极高的分寸感。他没有夸大蜀汉的实力，也没有直接表露任何对孙权不利的意图。他说："我蜀汉虽地处西南，然刘备主公心怀天下大义，屡败而不馁，深得百姓拥护。曹操虽强，然民心未附，其军虽众，然有如散沙。若两家联合，则共抗强敌，天下大局可定。"

这段话看似简单，却暗含诸葛亮的巧妙心思。他首先强调蜀汉虽小，但拥有坚定的信念和百姓的支持，暗示孙权不要小看蜀汉的潜力；随后，他巧妙地指出曹操的军队虽庞大，却缺乏凝聚力，暗示东吴并非孤立无援。如果蜀汉和东吴联合，将形成一种"民心与军力"互补的局面，进而实现强强联合。

通过这种沉稳的应对与分寸感的拿捏，诸葛亮避免了过分推销蜀汉的实力，同时给了孙权足够的尊重。这不仅让孙权觉得自己在联盟中处于主动地位，也增强了对诸葛亮的信任感。

谈判中的细节

最终，诸葛亮以他对孙权心理的深刻把握，成功赢得了这场谈判。孙权感受到了诸葛亮的智慧与诚意，最终决定与蜀汉结盟，共同对抗曹操。诸葛亮的胜利不仅仅源于他出色的言辞，更在于他在谈判中的细节艺术——对孙权心理的敏锐洞察、灵活的语言调整和始终保持的分寸感。

通过这场谈判，诸葛亮向我们展示了沟通中的细节如何决定了结果。正如这场外交谈判所展现的，话语之外的细微之处往往比语言本身更具影响力。在沟通中，观察对方的反应，调整自己的语气与措辞，懂得在适当时机掌握分寸，才能让沟通变得更加有力、更加有效。

　　诸葛亮与孙权的谈判是沟通中的经典案例，它向我们揭示了沟通中的细节艺术。真正成功的沟通，不仅仅在于言辞的优美，更在于对对方心理的把握、话术的灵活运用以及细致入微地观察。这些细节，正如沟通中的隐形力量，悄然间决定着一场谈判的成败。

虚怀若谷，听音观微

在人与人的交往中，表达是沟通的一个重要部分，而聆听则是另一半不可或缺的力量。真正的沟通并不仅仅是输出，而是双向的互动，其中聆听更是拉近人心距离的桥梁。

聆听不仅是一种技能，更是一种智慧和心态，它要求我们放下成见与自我，虚怀若谷，细致入微地接纳对方的声音与建议。

古往今来，能够虚心听取意见、善于从他人言语中汲取智慧的人，往往成就卓著。

唐太宗李世民与他的宰相魏征之间的君臣关系便是其中的典范。唐太宗作为一代明君，成就了"贞观之治"的盛世，而魏征作为直言进谏的大臣，敢于冒着失宠甚至被责罚的风险，多次向唐太宗提出批评与建议。

而唐太宗之所以能够成就一番伟业，正是因为他懂得倾听，能够虚心接纳魏征的忠言，虚怀若谷，不因个人权力和尊严而拒绝意见。

这种聆听智慧，是贞观盛世背后不可或缺的力量。

魏征进谏：敢于直言的智慧

魏征以敢言直谏闻名，他从未因为唐太宗的皇帝身份而避讳自己的意见。无论是在朝政中遇到的重大决策，还是唐太宗个人生活中的细节问题，魏征都直言不讳，敢于指出问题，并提出改进建议。

更难得的是，魏征不仅是从治国大政上进行谏言，连唐太宗的生活起居、个人喜好等细节问题，他也毫不避讳。

有一次，唐太宗在朝廷上因一些小事发怒，情绪激动，表现得相当不理智。魏征见状，毫不犹豫地站出来指出唐太宗的错误，并提醒他说："陛下身为天下之主，一怒则天下震动，若不加以节制，恐有祸患。"

面对魏征的严厉言辞，唐太宗起初感到不悦，但他并没有立即反驳或责备，而是稍作沉思后，虚心接受了魏征的批评，迅速调整了自己的情绪。

这种虚怀若谷的态度，让唐太宗的朝廷始终保持着清明理智，也奠定了"贞观之治"的根基。

在这个故事中，魏征的进谏代表了敢于直言的智慧，而唐太宗的反应则展示了聆听的重要性。魏征的忠言，并非以讨好皇帝为目的，而是以国家大局为重，提醒唐太宗时刻保持冷静与理性。

而唐太宗能够接受这些批评，体现出他具备非凡地听取意见的能力。这不仅成就了他个人的伟业，也让他的统治得以稳固发展。

唐太宗的聆听：虚怀若谷的君王智慧

唐太宗的伟大之处，不仅在于他的军事才能与治国之策，更在于他善于聆听。魏征的进谏之所以能够得到重视，不仅因为他有勇气敢言，还因为唐太宗愿意听、敢于听。

唐太宗深知，作为君主，自己不可能事事亲力亲为，更不可能事事准确无误。因此，他十分依赖身边的贤臣，尤其是魏征的进谏，以帮助他掌握真实的情况和作出正确的决策。

唐太宗时常对大臣们说："以铜为镜，可以正衣冠；以人为镜，可以知得失。"在这句话里，唐太宗明确表达了自己对于聆听他人意见的重视，他把魏征等大臣视为一面面镜子，借他们的建议和批评来校正自己的行为。

有一次，唐太宗正打算修建一座宫殿，需耗费大量的劳力和财力。当时的朝廷经济虽然有所好转，但民生问题依然严峻。魏征得知这个计划后，立刻提出反对意见，认为此举将加重百姓负担，不利于国家长治久安。

唐太宗起初并不愿意取消这个工程，但在听完魏征的谏言后，他冷静思考，最终决定暂停工程，集中力量恢复经济、减轻百姓负担。这一决策，避免了国家资源的浪费，赢得了百姓的拥护和支持。

唐太宗之所以能够做出如此明智的决策，正是因为他虚怀若谷，懂得聆听魏征的建议。他没有被个人的喜好和面子所左右，而是以国家大局为重，展现了真正的大智慧。

唐太宗的聆听不仅仅是被动接受意见，而是主动寻求不同的声音，用心去理解大臣们的建议，并在决策中灵活运用。

聆听的细节艺术

唐太宗与魏征的君臣关系不仅是一种高效的工作合作，更是沟通中的典范。在聆听中，唐太宗注重每一个细节，从魏征的言辞、语气、态度中捕捉关键信息，最终将这些意见转化为国家治理的有效政策。

在面对魏征的进谏时，唐太宗常常并不是一言不发地接受，而是通过仔细倾听，辨别出哪些建议是适合当下实施的，哪些需要进一步斟酌。

比如魏征曾建议唐太宗在立太子的问题上，选择有德行的长子。然而，唐太宗并没有急于表态，而是通过长时间地观察与听取其他大臣的意见，最终选择了一位更加适合的人选。这种细致的聆听与决策过程，体现了唐太宗善于平衡各种声音、慎重应对复杂问题的智慧。

在这个过程中，聆听不仅仅是一次性行为，更是一种反复深入的过程。唐太宗通过对大臣们建议的逐步理解与消化，不断调整自己的政策与策略。这种反复推敲的聆听方式，不仅让他在治理国家时更加稳健，还让他的决策更加符合实际情况，减少了盲目决策的风险。

聆听的智慧：成就"贞观之治"的繁荣

正是因为唐太宗具备了虚怀若谷的聆听态度，他才能够吸纳来自各方的智慧，形成稳固的治国基础，进而实现了"贞观之治"的盛世繁荣。唐太宗曾经感慨："人主常能闻过，则贤臣亦不隐谏。"他深知，唯有时刻保持开放的心态，倾听不同的声音，君主才能真正得到有价值的建议。

魏征的忠言与唐太宗的聆听密不可分，他们之间的互动不仅是忠臣与明君的典范，更是聆听的力量在历史中的生动体现。在他们的合作中，唐太宗通过聆听魏征的劝谏，及时调整政策，避免了许多可能的失误；而魏征也因为有了这位愿意倾听的君主，得以发挥出自己全部的智慧，辅助唐太宗开创了历史上的伟大盛世。

"贞观之治"的成功不仅是魏征进谏的结果，更是唐太宗通过细致聆听、虚心纳谏的智慧表现。通过聆听，唐太宗避免了许多急功近利的决策；通过聆听，他获得了来自各方的忠告与建议；通过聆听，他赢得了大臣们的忠诚与百姓的支持。

聆听是一种深厚的智慧，它不仅能让我们理解他人的观点，还能帮助我们提升自我，做出更加明智的决策。唐太宗与魏征之间的君臣关系，向我们展示了聆听在沟通中的巨大力量。正是因为唐太宗能够虚怀若谷，细致倾听魏征的建议，他才能够避免许多错误，成就一代盛世。

在现代社会，我们同样需要具备这种虚心聆听的能力。只有当我们放下成见、细心倾听，才能从他人的言语中发现更多的智慧与洞见，进而在人际关系和个人成长中取得更加丰硕的成果。聆听不仅是获取信息的手段，更是连接心灵、成就大业的桥梁。

小处不失，大爱无言

在中国古代历史中，许多贤士以仁德、智慧和关怀百姓著称，而范仲淹便是其中的典范。作为北宋时期著名的政治家和文学家，范仲淹一生都在践行他"先天下之忧而忧，后天下之乐而乐"的信念。

他不仅在国家大政方针上有着深远的影响，更通过关心民生、深入灾区体察百姓疾苦，展现出他对人民细致入微的关怀。

这种大爱无言，常常通过他对民生细节的关注展现出来，最终成就了他的仁德之名，也为百姓带来了福祉。

范仲淹关心百姓的事迹中，最为人称道的便是他亲自深入灾区，了解民情，解决困境的故事。这不仅体现了他的仁爱之心，也展现了他如何在细微处发现问题并解决问题，用细节中的关怀去温暖万千百姓。

深入灾区：体察细节中的民生困苦

在范仲淹的仕途中，有一段关于他在灾区体察民情的故事流传甚广。当时，北宋朝廷的某个州县遭遇了严重的旱灾，田地颗粒无收，百姓饥寒交迫。范仲淹受命前往灾区主持救灾事务。

刚刚到达灾区，范仲淹并没有急于发布命令或实施政策，而是选择了亲自深入灾区，走进百姓之中，亲眼观察他们的生活现状。

他并没有仅仅依靠当地官员的报告，而是深入百姓家中，实地考察灾情。在一个村庄中，范仲淹遇见了一位年迈的老妇，她的家境贫困，家中没有一粒粮食，炉灶也因久未用而蒙上了厚厚的灰尘。

老妇见到范仲淹，悲叹道："大人，地里无粮，日子实在难熬。只怕我们这些老骨头活不长了。"

范仲淹听闻此言，心中震动。他注意到，老妇家中的水缸空空如也，柴堆也是所剩无几。屋内的情况进一步证实了他的判断：这场旱灾不仅影响了粮食收成，甚至连日常的生活资源都匮乏到了极点。

范仲淹不仅用心倾听老妇的述说，还细致观察了她生活中的每一个细节：从干裂的土地到几近枯萎的水井，从破旧的衣物到冷灶旁的灰尘，他用这些微小的线索勾勒出了灾区百姓生活的全貌。

通过这些细节，他深切感受到旱灾带来的巨大打击，明白了要想真正帮助这些百姓，单靠简单的粮食救济是不够的。

细致入微：政策调整中的体贴与关怀

范仲淹意识到，百姓不仅需要粮食援助，更需要一系列的长期政策调整，以帮助他们恢复生活。于是，他立即开始为灾区制定具体的救灾政策。

他不仅建议朝廷运送大量粮食，帮助百姓度过饥荒，还提出要对贫困家庭进行特殊照顾，优先安排救济物资。

范仲淹了解到，由于旱灾，许多家庭的水源枯竭，生活用水严重短缺。他建议朝廷拨款修复地方的水利设施，开凿水井，确保百姓能够获得充足的饮用水。

同时，他发现许多农民因无力继续耕种，已经将田地荒废，为此，他提出减免田租的政策，减轻农民的负担，让他们能够有足够的精力恢复生产。

更为重要的是，范仲淹并不只关注一时的困境，而是致力于帮助百姓长远恢复生活的稳定。他提出了"赈济结合"的策略，不仅为灾民提供短期的粮食和生活用品，还组织灾区重建工作，让灾民通过劳动获取工钱，既能维持生活，又能为灾后重建作出贡献。这种细致入微的政策，既考虑了百姓当前的急需，又为他们的未来提供了希望。

在整个过程中，范仲淹的关怀和体贴不仅体现在宏观政策的制定上，更体现在对每个细微之处的关注。他深知，只有切实了解百姓生活中的困境，才能制定出真正有效的政策。他不仅在政令上精益求精，还亲自前往灾区检查政策的落实情况，确保每一项措施都能够准确无误地送到百姓手中。

无声的大爱：体现在行动中的细节

范仲淹的大爱并不通过华丽的言辞宣扬，而是在他一次次细心地观察与行动中自然流露出来。

在救灾过程中，范仲淹不仅关心着百姓的物质需求，还注重他们的精神慰藉。他常常鼓励灾民重拾信心，告诉他们国家不会抛弃任何一个百姓，让他们感受到来自朝廷的温暖与关怀。

在一次视察途中，范仲淹遇见了一个衣衫褴褛的小女孩。小女孩的父母因饥荒去世，家中只剩她孤身一人。

范仲淹见此情景，立即命人将她带回官府，亲自安排她的食宿，并为她寻找亲属或安排妥善地照顾。范仲淹不仅关心这个女孩的衣食问题，还对她的未来做了详细的安排，确保她能够在安稳的环境中成长。

类似的关怀故事，在范仲淹的从政生涯中屡见不鲜。他所表现出来的关心，不仅是对一个地区或一群人的责任感，而是一种细腻入微的体贴，对每一个个体的生命都充满了尊重与关怀。

这种大爱无言，它不在于言辞上的宣扬，而在于行动中的点滴细节。范仲淹通过这些实际的举动，赢得了百姓的信任与敬仰，也为他奠定了"贤士"的声誉。

小处不失：细节中的爱成就贞观盛世

范仲淹的故事，向我们展示了关怀与体贴不仅体现在宏大的政策制定中，更渗透在每一个细节里。

作为一位贤士，他不仅关心国家大事，还注重百姓的日常困苦，深入灾区，细致观察，体察民情。他用心去倾听百姓的声音，用行动去回应他们的需求，并通过政策调整切实改善了他们的生活。

范仲淹的大爱无言，不仅体现在他对国家的忠诚与责任感上，也表现在他对百姓生活细节的关注中。这种关怀不是高高在上的施舍，而是亲身体验后的感同身受。他通过对细节的关注，体现了他对百姓的尊重与关爱，也正是这种从小处入手、注重细节的爱，成就了他作为一位仁者的形象。

范仲淹的事迹向我们展示了真正的关怀并不需要华丽的语言或炫目的表现，它常常体现在细节中的无声之爱。通过对百姓生活的细致观察、对政策的精心调整，范仲淹将自己的大爱融入行动中，成为那个时代的一股温暖力量。

这种关怀与体贴，不在于一时的施舍或救济，而是一种长期的、细腻的责任感，是从百姓的角度出发，为他们的未来谋划。这种大爱无言，但它正是通过对细节的关注与关心，最终形成了深厚的情感纽带，成就了贤士与百姓之间的深情厚谊。

细节决定胜负

在纷繁复杂的冲突和矛盾中，许多人选择以武力或强硬手段来解决问题。然而，历史上真正伟大的领导者往往并不急于动用武力，而是通过智慧、策略与细致的掌控，将冲突化解于无形，达到平稳和解的目标。

这种以柔克刚的智慧，不仅展现了领导者的宽容与胸怀，更体现了他们对冲突中每一个细节的敏锐把控。

诸葛亮"七擒孟获"的故事便是这种智慧与策略的经典案例。在蜀汉南征期间，诸葛亮面对孟获的叛乱，选择通过多次俘虏、宽容释放，以一系列巧妙的细节打破孟获的心防，最终成功平息了叛乱，赢得了孟获及南中百姓的归心。

诸葛亮没有选择用武力彻底征服孟获，而是通过反复的宽容和对局势细节的精准把控，达成了心灵上的征服。这不仅是一次军事上的胜利，更是一场心理博弈中的完美胜利。

初擒孟获：武力之外的宽容与尊重

孟获是南中的首领，长期以来不满蜀汉的统治，因此发动了叛乱。诸葛亮奉命前往平定叛乱，第一次擒获孟获时，他并没有立即处死这位叛乱首领，相反，诸葛亮采取了出人意料的方式，决定将孟获释放。

在当时的战争背景下,俘虏敌方首领往往意味着对其生命的威胁。然而,诸葛亮却不急于用武力解决问题,而是选择宽容。

诸葛亮深知,孟获虽然兵败,但心中不服,如果强行压制,只会加深南中的仇恨和敌意。诸葛亮不仅释放了孟获,还将他礼待送回,让他带领自己的部队回到南中。

在这个过程中,诸葛亮展现了非凡的智慧与远见。他没有一味地依靠武力来镇压孟获的叛乱,而是通过细致的观察,知晓了孟获的性情——刚烈而骄傲,若想让他心服口服,仅靠武力无法真正解决问题。这种宽容的策略让孟获心中充满疑惑和震动,尽管他没有立刻改变立场,但他开始意识到诸葛亮并非一个普通的敌人。

细致观察:从心理到战术的柔性掌控

诸葛亮对孟获的心态有着极为细致的观察。他清楚地知道,孟获多次失败但不服输的原因不仅仅是对蜀汉的不满,还有他作为南中领袖的骄傲与荣誉感。

于是,诸葛亮决定进一步施展自己的策略,通过一次次宽容和释放,逐步消除孟获心中的敌意。

在之后的几次擒获中,诸葛亮一如既往地表现出极大的宽容和耐心。他不仅再次释放了孟获,还在每一次擒获后对孟获的生活细节给予了关注。

诸葛亮会细心地询问孟获是否受伤、是否有足够的食物和休息,甚至还给他提供了更好的待遇。这样的举动让孟获感受到了诸葛亮的尊重与仁德,他开始动摇,渐渐产生了对蜀汉的认同感。

一次次的宽容释放和对孟获的细致关怀,成为诸葛亮"七擒七纵"

策略中的关键。这不仅仅是一种军事手段，更是一场心理上的博弈。

通过对孟获的心理变化进行细致的观察和掌控，诸葛亮逐步瓦解了孟获的顽固与敌意。这种柔性掌控，不仅展现了诸葛亮以智取胜的能力，也让孟获的心防逐渐瓦解，最终被诸葛亮的仁德所感化。

以柔克刚：从强硬对抗到心灵归服

在孟获被诸葛亮第七次擒获后，发生了转折性的一幕。孟获感叹道："丞相之德，远超我等。孟获虽勇，但心已服。"这句话标志着孟获终于从内心深处真正归顺。诸葛亮用一次次的宽容与仁德，赢得了孟获的心灵归服。

以柔克刚，正是诸葛亮成功的核心策略。他并没有通过武力的强硬手段彻底击溃孟获，而是通过对细节的掌控、对人心的理解，化解了敌意。诸葛亮明白，表面上的胜利并不是真正的胜利，只有从内心深处征服对手，才能实现持久的和平。

孟获的最终归顺，不是因为他屈服于蜀汉的军事实力，而是因为他被诸葛亮的宽容和智慧所感动。这种心灵的转变，才是诸葛亮所追求的最终目标。通过柔性的手段化解冲突，诸葛亮成功避免了无谓的杀戮与破坏，为蜀汉赢得了南中的稳定与和平。

化繁为简：冲突化解中的细节艺术

诸葛亮在七擒孟获的过程中，通过对每一个细节的精心掌控，化解了复杂的冲突局面。首先，他通过观察孟获的心理状态，准确判断出孟获内心的顽固与骄傲，从而选择宽容的策略，而不是采取武力镇压。其次，他在每一次俘虏孟获后，不仅礼待对方，还关心孟获的生活起居，通过这些细微的关怀赢得了孟获的尊重与信任。

诸葛亮通过这些细节上的把控，逐渐让孟获意识到，蜀汉并非一个专横暴虐的政权，而是一个仁德之邦，值得信赖和归顺。这些细致入微的关怀和策略，不仅打破了孟获的心防，还化解了南中的民族对立，达成了真正的和平。

这场看似复杂的军事冲突，在诸葛亮的柔性策略下，变得化繁为简。他并没有将问题复杂化，而是通过一步步的宽容和心灵上的感化，让对手自己选择归顺。这种方式，不仅避免了战争的激化，还为后来的和平共处奠定了基础。

冲突中的智慧：细节决定胜负

诸葛亮"七擒孟获"的成功告诉我们，真正的冲突化解，不在于以武力的强硬来压制对方，而在于以智慧与宽容来打动对方的心灵。

通过对细节的掌控、对人性的理解，诸葛亮展现了一种超越武力的力量。这种力量不仅赢得了孟获的归顺，也为蜀汉赢得了南中的长久稳定。

在现代社会中，冲突和矛盾无处不在。无论是家庭中的争执，还是职场上的竞争，冲突往往是不可避免的。然而，我们可以从诸葛亮的故事中学到，真正有效的冲突解决，往往不是通过强硬的手段，而是通过以柔克刚、化繁为简，掌控每一个细节，寻找双方的共同点与和解之道。

在处理冲突时，我们不妨学会放下成见，站在对方的角度去思考问题，寻找化解敌意的方法。

通过细致的观察、耐心的聆听和适当的宽容，我们往往能够找到解决冲突的最佳方式，让彼此的关系得到修复与改善。这种智慧，正是我们从历史中学习到的宝贵财富。

诸葛亮七擒孟获的故事，是智慧与策略的完美结合。他通过对冲突中每一个细节的敏锐掌控，不断瓦解对手的敌意，最终以宽容和仁德赢得了胜利。

这种以柔克刚的智慧，不仅适用于古代的军事对抗，也为我们现代人处理人际冲突提供了宝贵的借鉴。

真正的力量不在于外在的强硬，而在于内在的宽容与智慧。通过细致地观察和耐心地化解，我们可以在复杂的局面中找到最简洁而有效的解决之道。

第四章

运筹帷幄，
决胜于细枝末节

领导者的细节智慧

项目管理中的细致布局

诚信立本，细节为王

匠心独运，精益求精

领导者的细节智慧

在历史的进程中，许多重大决策和胜利并非仅仅依靠力量、智谋或运气来实现，而往往是在看似微不足道的细节中胜出。

真正优秀的领导者不仅具备宏大的战略视野，更能在细枝末节中看清局势、把握机会，化险为夷，成就大事。正所谓"大音希声，大道无形"，领导者的智慧常常隐藏在无形中，通过细致入微的观察和巧妙的应对，展示出一种无声的力量，最终决胜于千里之外。

刘邦在鸿门宴上的表现，正是这一领导细节智慧的典范。

在这场危险的宴会上，刘邦处于生死攸关的境地，他不仅要面对强敌项羽的威胁，还要应对复杂多变的政治形势。

最终，刘邦通过敏锐的观察、灵活的应对、巧妙的话术和态度的调整，成功从鸿门宴中脱险，为后来的汉朝统一奠定了基础。这一历史事件充分展现了领导者对细节的敏锐感知力，以及如何通过掌控细节化解危机。

刘邦的生死危机

公元前206年，秦朝灭亡后，刘邦率先攻入咸阳，秦朝正式结束。按理，刘邦立下大功，理应成为共主，可此时的项羽带着四十万大军威风凛凛，他不满刘邦抢先一步进入咸阳，并视刘邦为威胁。项羽决定设鸿门宴，意在除掉刘邦。

刘邦知道自己势单力薄，不足以与项羽抗衡，而此时任何的拒绝或对抗都可能引发项羽的怒火。为避免彻底激怒项羽，刘邦决定冒险参加鸿门宴，带上樊哙、张良等几名心腹随行。这不是一次简单的聚会，而是一场充满了权力和阴谋的生死较量。

从细微之处感知危机

鸿门宴一开始，表面上气氛和谐，项羽以友好之姿接待刘邦，双方一同饮酒作乐。然而，刘邦深知，这表面上的和平掩盖着杀机。他在宴会上没有放松警惕，而是通过对项羽及其属下细微动作和表情的观察，敏锐地捕捉到了一些异常信号。

在宴席进行的过程中，刘邦注意到项羽的亲信范增频频对项羽使眼色，示意动手。这一细微的举动没有逃过刘邦的眼睛，范增的举止让刘邦意识到危险已经逼近。

他虽然心中紧张，但并没有立即表现出来，而是冷静地调整了自己的态度，继续以谦卑的姿态应对项羽，言辞谦恭，态度恳切，表现出对项羽的极度尊敬。

刘邦的这一举动十分关键。他通过对项羽的表情变化和范增的举动，意识到对方内部并非完全一致：范增急于除掉自己，而项羽则有些犹豫。

刘邦迅速判断出，项羽虽然视自己为威胁，但并没有完全下定决心要在当下动手。于是，刘邦抓住了这一细微的差距，通过自己的言辞与姿态，进一步放松项羽的警惕。

灵活应对化解危机

在鸿门宴上，刘邦并没有表现出一丝强硬，反而一再表示自己愿意屈居项羽之下，并将咸阳之地拱手相让。他谦卑地表示自己当时攻入咸阳只是遵从大义，绝无夺权之意，项羽作为共主理应掌管大局。这番话巧妙地迎合了项羽的心理，使项羽从心理上占据了上风，从而暂时缓解了对刘邦的敌意。

刘邦不仅在言辞上表现出谦卑，他的态度也极为低调。每当项羽与范增举杯相庆，刘邦总是低头饮酒，显得毫无威胁感。

这种姿态令项羽更加放心，同时也让范增难以找到理由立刻动手。刘邦通过这一系列的细微调整，使自己看起来像是一个没有任何野心的人，只是愿意追随项羽的从属。

当宴席上杀机渐起，范增命项庄舞剑助兴，实为借机刺杀刘邦之时，刘邦的亲信张良敏锐察觉到了这一动向，迅速请来了樊哙。樊哙闯入大帐，怒斥项庄，虽然举止鲁莽，但此举实际上起到了打乱项羽杀机的作用。刘邦借此时机迅速向项羽表忠心，表现得极为诚恳，使得项羽再一次犹豫不决。

通过这些细节的把控，刘邦最终成功避开了死亡的威胁，顺利从鸿门宴中脱身。这场宴会表面上看似和谐，但背后暗藏的每一个杀机，刘邦都通过对细节的敏锐把控化解于无形。这不仅展现了刘邦超凡的应变能力，也展示了他作为领导者对复杂局势的洞察力与掌控力。

无声胜有声：领导中的细节智慧

鸿门宴的故事展示了刘邦在危急时刻对细节的出色掌控能力。他不仅依靠言辞和态度调整化解了危机，还通过对对方心理和局势的精准把握，成功保护了自己。

在这场生死攸关的较量中，刘邦没有依赖武力或强硬手段，而是通过观察、应对和灵活的态度，展示了无声胜有声的智慧。

这一历史事件向我们展示了，在领导中，细节往往决定成败。领导者不仅要有远大的战略眼光，更需要在瞬息万变的局势中保持敏锐的感知力。通过对他人表情、语气、行为的细致观察，领导者可以提前感知危机并做出应对。

在鸿门宴上，刘邦通过对细微表情和动向的观察，判断出项羽尚未下定决心，便及时调整自己的姿态与话语，使项羽对他放松警惕，最终避免了一场灾难。

领导者的洞察力：从细节中找到机会

在现代领导力中，这种对细节的洞察力同样至关重要。许多时候，领导者并不需要做出轰轰烈烈的行动，往往通过对局势的微妙变化进行精准判断，便能够找到解决问题的关键。无论是团队中的分歧，还是市场中的动荡，领导者通过观察细微的迹象，可以提前做出调整，避免危机的发生。

刘邦在鸿门宴上的表现，是领导者在复杂局势中的应对范例。他通过细致观察、灵活调整和敏锐感知，将看似无形的危险化解于无声之中。这种大道无形、大音希声的智慧，不仅适用于古代的政治权谋，也为现代领导者提供了深刻的启示。

领导者的成功不仅依赖宏大的战略，还依赖对细节的掌控。通过敏锐的观察、灵活的应对和精确的调整，领导者能够在复杂的局势中找到突破口，化险为夷，赢得胜利。

鸿门宴是历史上一场精彩的智慧较量，刘邦凭借对细节的出色掌控，在生死一线的时刻化解了危机。这一故事展示了领导者应具备的细节智慧，以及如何通过无声的力量掌控复杂局势。在现代社会中，领导者同样需要具备这种敏锐的感知力和应变能力，才能在风云变幻的环境中做出最为正确的决策，实现真正的成功。

项目管理中的细致布局

在项目管理中，成功往往不仅仅依赖于大局的掌控，更取决于每一个细节的布局与执行。领导者不仅需要具有全局视野，还必须确保每一个步骤都能有条不紊地执行，才能确保项目的成功。正如战争中的每一场胜利，背后不仅是英勇的将领和士兵，更是周密的策划与对细节的精确掌控。

唐代名将李靖的作战故事，便是这种细致布局的绝佳例证。通过每一步的精心策划，李靖在战场上展现了步步为营的策略，用巧妙的战略击败了强大的敌人。这个故事不仅是军事上的胜利，更为我们展示了项目管理中如何通过对细节的精密布局，取得最终的成功。

精密的布局

李靖是唐朝时期的名将，以善于谋略、精通兵法著称。在唐太宗时期，突厥成为唐朝北方的一大威胁。突厥骑兵速度极快，常常以突袭和游击战的方式侵扰唐朝边境，使唐朝陷入被动。

李靖通过一系列精密的战略布局，最终成功击败了突厥，保卫了唐朝的边疆，稳固了朝廷的安全。

李靖对突厥的作战并非仓促之举，而是经过了长期的规划与布局。每一步都充满了智慧与谋略。比如，从前期的侦查、士兵调配，到作战时的战术调整，甚至在胜利后对战果的巩固，无一不是对细节的精心安排。

这场战役不仅展示了李靖的军事才能，也为我们提供了项目管理中的宝贵经验：如何通过步步为营的细致规划，逐步推进项目，最终取得成功。

精确侦查与信息搜集

在项目管理中，前期的准备工作至关重要，正如战场上的侦查与情报搜集是决策的基础。李靖在对抗突厥时，首先采取的步骤便是情报的精确掌握。他深知，突厥以骑兵速度快、作战灵活著称，如果贸然出击，唐军将处于极大的不利局面。

因此，李靖在发起作战之前，首先派出斥候深入敌营，了解他们的地理分布、军力状况和行军路线，确保掌握敌人的动向。

这种细致的前期侦查，为李靖的战略布局奠定了基础。在项目管理中，前期的信息搜集与研究也同样重要。无论是市场调研、竞争对手分析，还是用户需求的了解，准确的信息是项目成功的基石。

项目管理者需要通过详尽的调研来了解市场、客户或合作伙伴的真实情况，才能在接下来的每一个决策中做出最优选择。李靖正是凭借对突厥军队详细而精准的了解，才能够在战场上做出有针对性的战术调整，为后来的胜利奠定了基础。

调兵遣将：资源配置的精妙安排

在项目管理中，资源的合理配置和团队的协调至关重要。李靖在作战时深谙这一点。他清楚唐军的优势在于步兵和弓箭手，而突厥的优势则在于骑兵。因此，李靖并没有与突厥军正面交锋，而是采取了调兵遣将的策略，精心布置了军队的位置和战术。

李靖将唐军分成多个小组，灵活布防在重要的交通要道和战略点上，形成了一个绵密的防御体系。在每个关键节点上，李靖都配备了适当的兵力，保证突厥骑兵无论从哪个方向来袭，都会遇到唐军的阻击。同时，他还在一些地势险要的地方埋伏了精锐部队，等待突厥骑兵一旦被牵制时，便立刻出击，给予致命打击。

这种兵贵神速、步步为营的战术布局，使得李靖能够以较少的兵力击退突厥的大军。他不仅通过对资源的合理配置保证了每一步的胜利，还在关键时刻通过精准的指挥，利用环境和地形的优势，最大限度地发挥了唐军的战斗力。

在项目管理中，资源配置同样是决定成败的关键。管理者需要根据项目的实际情况，合理安排人力、物力和时间资源，确保每一个阶段的任务都能够顺利完成。

同时，管理者还需要预留一定的资源，作为应对突发情况的"后备军"。正如李靖在战场上合理调度军队一样，项目管理者也需要根据项目的进展情况，灵活调整资源配置，以确保项目稳步推进。

战术调整：灵活应变的细节掌控

李靖在对突厥的作战中，展现了出色的灵活应变能力。尽管他已经做好了充足的准备，但在战场上，局势往往瞬息万变。李靖时刻保持对战场的敏锐观察，根据突厥军队的动向迅速调整自己的战术。

当突厥骑兵试图绕过唐军阵地，进行侧翼突袭时，李靖立即改变了防御阵形，将原本埋伏在侧翼的弓箭手和步兵调动到新的防御位置，提前堵住了敌军的进攻路线。这一细节的调整，不仅有效阻止了敌人的进攻，还让唐军获得了反击的机会，最终在这场战役中取得了决定性的胜利。

在项目管理中，灵活应变同样至关重要。无论项目初期的规划多么详尽，执行过程中总会遇到意想不到的挑战。成功的管理者需要具备敏锐的判断力，能够根据项目的实际进展，及时调整策略。例如，当市场环境发生变化时，管理者需要迅速修改项目的计划，甚至调整团队的工作方式，以确保项目能够适应新的形势。这种对细节的掌控和对变化的灵活应对，正是项目管理中确保成功的关键。

战后巩固：细致布局的长远规划

李靖的胜利不仅体现在战场上，更在于他对战后局势的细致巩固。在击败突厥之后，李靖并没有马上撤军，而是采取了多项措施，巩固胜利果实。

他命人修筑要塞，确保边境的长期安全；同时，他还通过外交手段，稳定突厥内部的局势，确保他们不会再次发动进攻。

李靖这种未雨绸缪、步步为营的思路，使得唐朝在战后得到了长久的和平。他的远见和细致布局，不仅确保了眼前的胜利，也为未来的国家安全提供了保障。

在项目管理中，战后的"巩固"同样重要。一个项目的成功，不仅仅体现在任务的按时完成上，还体现在项目后续的维护与优化。项目结束后，管理者需要对项目的执行情况进行回顾与总结，找出项目中的亮点和不足之处，为未来的项目管理积累经验。

同时，管理者还需要确保项目成果能够长期稳定地发挥作用，避免因为疏忽导致项目失败。这种对细节的长期关注和布局，正是项目管理中不可或缺的一环。

李靖在对突厥的作战中，通过细致的布局、精准的资源配置和灵活的战术调整，最终取得了辉煌的胜利。这一军事胜利不仅展示了李靖的智慧与才能，更为我们提供了宝贵的项目管理经验。

在项目管理中，细节往往决定成败。无论是前期的准备工作、资源的合理配置，还是执行中的灵活应对，甚至战后的巩固与优化，都是项目成功不可或缺的因素。

通过对细节的关注和精确地布局，管理者可以确保项目在每一个阶段都稳步推进，最终取得成功。正如李靖的胜利不是靠一时的勇猛，而是靠步步为营的智慧一样，项目管理中的成功也在于对每一个细节的把控和对变化的灵活应对。

诚信立本，细节为王

在商业世界中，成功不仅依赖于宏大的战略布局，更取决于对客户的细致关怀和服务。在每一次与客户的接触中，真正的价值往往体现在细微之处。

优质的客户服务不仅是提供产品或解决方案，更是一种通过点滴积累的信任感，最终赢得顾客的长期忠诚。

中国传统商业中，晋商是诚信经营的典范，他们通过细致入微的服务和诚信至上的态度，赢得了顾客的长期信赖，并在长达几百年的商业竞争中，始终保持着强大的生命力。

晋商的辉煌商业历史，不仅是经济实力的体现，更展示了他们在客户服务中的细节关怀。他们将诚信与细节服务融入每一笔交易，关心客户的需求，重视客户的体验。通过这种润物细无声的经营之道，晋商不仅在商场上获得了成功，更赢得了顾客的信任与尊重。以下我们通过一个经典的晋商故事，来展现他们如何通过细致的客户关怀，成就几百年的辉煌。

晋商的细致经营

晋商，亦称山西商人，是中国古代商业中的一大传奇。自明清时期起，晋商以山西为据点，开展了跨地域、跨国界的贸易活动，特别是在盐、茶、丝绸、金融等领域，他们通过诚信经营和独具特色的商业智慧，建立了横跨中亚、东亚的商贸网络。

晋商的经营理念始终贯穿着一个核心：诚信为本。他们相信，商业的基础不仅仅是利润，更重要的是与顾客的长期关系。而这种关系的建立，不是靠一时的优惠或营销手段，而是在每一笔交易、每一个细节中让顾客感受到诚意与关怀。

细节之处显诚信：一位盐商的故事

相传在清代，山西的盐商曾遇到过一个棘手的问题。那时，山西盐商的盐生意做得风生水起，盐是生活的必需品，每天的交易量非常大。一日，某位老顾客来到盐铺购买盐，回家后却发现盐的味道似乎与平日不同，略有发涩。老顾客怀疑盐有问题，便赶回铺子向掌柜询问。

掌柜接待了这位顾客，并没有急于辩解或推卸责任，而是耐心地听取了顾客的疑虑，并亲自拿来这批盐，仔细品尝、检查。掌柜发现，虽然盐的质量并没有太大的问题，但确实由于运输过程中的一些环境变化，导致这批盐在储存时受了潮，口感上出现了一些变化。

尽管这批盐并没有严重的质量问题，不影响使用，但掌柜深知，这一点点差异对于顾客来说已经产生了不良的体验。于是，他立即做出了决定，主动提出将顾客购买的盐全部免费更换，并让顾客挑选新到的优质盐。而且掌柜还向顾客郑重道歉，解释了其中的原因，并承诺会加强运输和储存环节的管理，确保不会再发生类似问题。

这个细节深刻展现了晋商对顾客细致入微的关怀。这位老顾客被掌柜的诚意打动，不仅继续光顾这家盐铺，还成为晋商的忠实顾客，并在自己的圈子里传播了这件事，让更多人慕名前来。

晋商的经营智慧：用细节赢得信任

晋商的成功并不是偶然的。他们深知，商业竞争不仅仅是价格的竞争，更是服务和细节的竞争。他们通过每一次交易中的细致关怀，为顾客创造了优质的服务体验。顾客并不仅仅是因为商品本身选择晋商，而是因为他们对晋商的信任。这种信任，来源于晋商在每个细节上的真诚付出。

晋商不仅仅是在商品质量上下功夫，他们还注重客户的全方位体验。例如，在茶叶生意中，晋商会为老顾客准备特别定制的茶叶包装，根据顾客的个人口味特意挑选最适合的茶叶品种，甚至在顾客生日时赠送特别的茶礼。这种个性化的服务，不仅满足了顾客的需求，还让顾客感受到了来自商家的关怀与尊重。

以细节关怀维系客户忠诚

客户服务的核心，不仅是解决眼前的问题，更重要的是通过细节的服务建立起长期的信任与忠诚。晋商之所以能够在几百年的商业竞争中立于不败之地，正是因为他们始终将顾客的需求放在首位，注重细节，精心经营，最终赢得了顾客的长期支持。

注重反馈，及时改进服务

晋商非常重视与顾客的互动和反馈。每一次交易结束后，晋商不仅仅满足于顺利完成交易，他们还会主动与顾客保持联系，询问商品的使用情况和顾客的意见。通过这种主动的客户关怀，晋商能够及时发现问题，并迅速做出调整与改进。

在一次茶叶的交易中，晋商通过顾客反馈了解到，一批运往外地的茶叶由于路途遥远，包装受损，导致部分茶叶散发了异味。掌柜们得知这个情况后，没有推卸责任，而是立即召集工匠，改进茶叶的包装方式。他们用上了更结实、密封性更好的材料，确保茶叶在长途运输中依然能保持新鲜。这一细节改进，让晋商的茶叶质量大大提升，顾客的满意度也随之提高。

这种积极响应客户反馈的态度，让晋商的服务不断完善，并且始终保持着顾客对他们的信任。

长期陪伴：建立情感纽带

晋商的客户服务，不仅仅停留在交易层面，他们与顾客之间建立了长期的情感纽带。晋商注重与老顾客建立深厚的情感连接，常常为老顾客提供一些免费的增值服务，例如帮他们储存货物、代为运送，甚至在顾客遇到困难时，提供一定的资金周转。

在一次大雪封山的冬天，一位常年与晋商合作的客户因为积雪封路，货物无法及时送达，生意一度陷入困境。晋商的掌柜得知这一情况后，立即派遣自家的马车队，冒着严寒为这位客户送去了急需的货物，帮助客户渡过难关。这位客户深受感动，不仅在之后的生意中更加信任晋商，还将这份关怀传递给了其他商人，使晋商在业界赢得了更多的口碑与美誉。

晋商通过长期陪伴和无微不至的服务，逐渐与顾客建立了深厚的信任关系。这种点滴中的情感关怀，让顾客不仅仅是商场上的合作伙伴，更是生活中的朋友与支持者。

细节决定成败

晋商的成功告诉我们，客户服务的真正精髓在于细节中的关怀。无论时代如何变迁，优质的客户服务都离不开对顾客需求的敏锐感知和细腻的关心。

在当今竞争激烈的商业环境中，企业要想赢得顾客的信任与忠诚，不仅仅依靠产品本身，还要通过细致的服务为顾客带来良好的体验。

无论是通过倾听顾客反馈、迅速响应需求，还是在顾客遇到问题时主动提供帮助，企业在每一个细节中表现出的真诚与关怀，都会为客户带来温暖，并增强他们对企业的信任与忠诚。

晋商通过对客户服务中的每一个细节都做到了极致，赢得了顾客的长期信赖，成就了几百年的辉煌商业历史。这种以细节见真情的服务理念，不仅为他们赢得了商业上的成功，也为现代企业提供了宝贵的借鉴。

匠心独运，精益求精

在任何领域中，追求卓越和成功的关键，不仅仅是大方向的掌控，更在于对细节的不断打磨与优化。

无论是古代的工匠，还是现代的项目管理者，真正的成就往往源于精益求精的精神和对效率的极致追求。通过不断优化每一个细节，我们能够在有限的资源和时间中创造更大的价值。

中国古代工艺大师鲁班，以其发明创造和工艺精湛闻名于世，他的名字成为匠人精神的象征。

鲁班不仅仅是一个巧匠，他通过对工具的不断改进和优化，使得建筑和工艺工作更加高效。在他的创造中，注重细节和效率的优化是其成功的关键。在鲁班的工艺发明故事中，我们可以深刻感受到，正是通过对细枝末节的不断改进，鲁班创造了令人惊叹的工具，推动了中国古代建筑工艺的进步。

鲁班的匠心：从细节开始的伟大创造

鲁班，名班，字公输，是中国古代著名的木匠和工匠大师，传说他发明了许多实用的工具，如锯子、云梯、刨子等。这些发明不仅推动了中国古代建筑技术的发展，也极大提高了建筑和工艺制作的效率。而这一切成就的背后，源自鲁班对细节的极致关注和对工艺流程的精益求精。

锯子的发明：从细微观察到伟大发现

鲁班最著名的发明之一便是锯子，这一工具极大提高了木工的效率。传说鲁班在进行木材切割时，最初使用的工具是斧头和砍刀，这样的工具虽然能砍断木头，但费时费力，而且切口往往不够平整。在一次上山采木的过程中，鲁班无意中发现，山上荆棘的叶缘非常锋利，甚至能轻易划破他的皮肤。

这让鲁班意识到，如果能模仿荆棘的齿形结构，或许可以设计出一种更加高效的工具。于是他回到家中，开始模仿荆棘叶缘的齿状结构，经过无数次的实验与改进，鲁班终于发明了锯子。锯子的齿状设计能够在切割木材时发挥极大的作用，使得木材切割变得更加省力和高效。

这个发明展示了鲁班对细节的敏锐观察力和创造性思维。他没有被当时笨重的工具所局限，而是通过对自然界的细致观察，将荆棘的微小特点融入工具设计中，发明了极具革命性的锯子。鲁班的这次发明不仅改变了木工的工作方式，也在中国建筑史上留下了深远的影响。

云梯的设计：对功能的极致优化

在战争和建筑施工中，攀登城墙或高处是常见的需求。为了帮助士兵更快地攻克城墙，鲁班发明了云梯。云梯的结构设计简洁，却在细节上进行了多次优化。鲁班不仅注重云梯的稳固性，还特别设计了便于运输和快速组装的功能，这使得云梯在战场上非常实用。

传说在一次战役中，鲁班帮助某位将军设计云梯。他注意到，云梯的传统设计往往过于笨重，搬运困难，且需要多人配合才能搭建成功。于是，鲁班对云梯的结构进行了重新设计，使其可以折叠、拆卸，便于携带和运输。经过多次试验，他的云梯在战场上获得了极大的成功，使士兵们能够更快、更安全地攀登城墙。

云梯的设计充分体现了鲁班对细节的极致追求。他不仅考虑了工具的基本功能，还优化了每一个细微的操作环节，使得工具更加适应复杂的战场环境。正是这种对细节的精益求精，让云梯成为古代战争中的重要装备。

精益求精：细节中的效率优化

鲁班的发明告诉我们，任何伟大的创造都离不开对细节的深度思考和不断优化。在项目管理和现代生产中，追求效率和精度是管理者不可忽视的关键因素。无论是工具的改进，还是流程的优化，都是为了在相同的资源条件下，实现更高效、更准确的结果。

迭代改进：从每一个失败中找寻优化点

鲁班发明工具的过程并非一蹴而就，而是通过反复试验和不断改进来实现的。他在制作锯子、云梯等工具时，经历了无数次失败和调整。在每一次失败中，他都会从中发现工具的不足之处，寻找改进的方向。

这一过程类似于现代的产品迭代开发。在项目管理中，成功往往不是一次完成的，而是通过不断优化和调整来实现的。管理者需要对每一个步骤进行细致分析，找出其中的不足之处，并通过"小步快跑"的方式，逐步提高项目的整体效率和效果。

鲁班通过对每一个细节的优化，使得工具不仅更符合使用者的需求，还在效率上大幅提升。在锯子的设计中，他通过调整锯齿的间距、大小和角度，使得工具更加省力。在云梯的设计中，他通过调整材料和结构，提升了工具的便捷性。这些改进看似微小，但积累起来却使得工具的整体性能达到了全新的高度。

流程优化：从工艺到生产的精细化管理

除了工具的发明，鲁班还非常注重工艺流程的优化管理。他明白，仅有优秀的工具是不够的，如何将这些工具应用于实际操作中，如何使工艺流程更加顺畅，是提升效率的关键。

在建筑施工中，鲁班将施工步骤细化为多个环节，并为每个环节设计了专用的工具和操作方法。这不仅减少了工人的工作负担，还极大提高了施工效率。例如，他发明了多种用于刨削、打磨、切割的工具，使得不同工艺流程中的细节处理更加精准。这种流程化的管理方式，使得古代建筑施工不仅精美绝伦且效率显著提升。

在现代项目管理中，流程的优化同样是提升效率的关键。通过分析项目的各个环节，找到瓶颈并进行优化，管理者能够提高项目的执行速度和准确性。正如鲁班对工艺流程的精细化管理一样，现代管理者需要对工作流程进行精细化拆解，确保每一个步骤都能高效执行，最终达到整体优化的目标。

细节中的创新：不断突破的匠心精神

鲁班的成功不仅在于他能够发明出实用的工具，还在于他始终保持着精益求精、不断创新的匠心精神。无论是工具的设计，还是工艺流程的改进，鲁班始终追求卓越，力求在每一个细节上做到最好。

这种精神正是我们在项目管理中需要学习和借鉴的。在现代社会，技术和市场环境瞬息万变，管理者必须时刻保持创新思维，不能满足于现状。只有通过对细节的不断打磨和优化，才能在竞争中脱颖而出。

鲁班的匠心精神告诉我们，成功的背后，离不开对细节的重视与不断优化。无论是工具的发明，还是流程的管理，只有通过精益求精、不断突破，才能在有限的条件下创造出更高的效率和更优的结果。

鲁班的发明创造，不仅推动了中国古代工艺的发展，也向我们展示了细节中的效率与优化如何成就伟大。在现代项目管理中，管理者同样需要学习鲁班的匠心精神，通过不断优化每一个细节，精益求精，提升效率，最终在竞争激烈的市场环境中获得成功。

无论是对流程的优化，还是工具的改进，鲁班的故事告诉我们，细节决定成败。通过对每一个环节的深度思考和不断改进，我们能够在有限的资源条件下，创造出无限的可能。

第五章

细察万物，
预见未来

科技创新中的细节突破

敬畏自然，细流归海

善于见微，方能知著

教育中的细节育人之道

科技创新中的细节突破

科技创新的成功不仅依赖于宏大的战略愿景，更需要通过对细节的不断打磨与突破。许多看似细微的技术改进，往往成为推动整个行业发展的关键力量。

正如古语所云"尺有所短，寸有所长"，在科技创新的世界里，哪怕是极小的改进都可能带来巨大的变革。中国高铁的发展历程便是一个生动的例证，通过对轨道、车厢和技术细节的不断优化与调整，中国高铁从最初的探索者，一跃成为世界领先的技术先锋。

中国高铁的成功，离不开无数工程师和技术人员对每一个细节的执着追求。正是通过对轨道系统的精确改进、对车厢结构的反复调整，以及对稳定性、安全性的突破性创新，中国高铁逐渐走在了世界的前沿，成为中国科技进步的标志性成果。

从追赶到超越

中国高铁的发展并非一帆风顺。20世纪末期，中国开始引进国外的高铁技术，试图借鉴国外的成功经验。然而，尽管技术先进，早期的高铁系统在中国复杂的地理和气候条件下，并未表现出理想的效果。

高速运行时，列车的稳定性、安全性以及舒适度都遇到了挑战，尤其是南北气候差异大，轨道的适应性问题凸显。

面对这些问题，中国的科研人员意识到，仅仅依赖引进的技术是不够的，必须通过自己的创新与改进，才能打造出适应中国环境的高铁系统。于是，从技术引进到自主创新的历程开始了。中国工程师们从细节入手，通过对高铁的轨道、车厢、动力系统的优化，逐步解决了安全和稳定性的问题，最终让中国高铁在全球范围内脱颖而出。

轨道创新

高铁运行速度极快，轨道的稳定性是影响列车安全和舒适度的关键因素之一。在早期阶段，国外引进的高铁轨道系统虽然成熟，但在中国的高寒、潮湿、风沙等复杂气候条件下，暴露出了一些问题。特别是在中国西部的高原地带和东南部的湿润气候下，轨道容易发生热胀冷缩、湿度侵蚀等问题，影响列车的稳定运行。

为了应对这些挑战，中国的科研团队进行了轨道系统的自主创新。他们意识到，轨道的材质、形状以及固定方式都需要进行调整。

中国工程师通过对不同材料的反复试验，最终采用了一种具有更强抗腐蚀性、热胀冷缩性能更优的合金材料，使得轨道能够适应不同气候条件的变化。

此外，在轨道与地基的连接结构上，团队进行了优化设计，确保轨道在极端温差下也能保持稳定性，不因外界环境的变化而发生形变。

这些对轨道细节的优化，看似微小，却大大提升了列车运行的安全性和稳定性。正是这些细节的突破，中国高铁得以在广袤的国土上，保持平稳高速运行。

车厢设计的突破：舒适性与安全并重

除了轨道系统，车厢设计也是中国高铁成功的另一个关键细节。在早期的高铁发展过程中，国外的车厢设计虽然符合基础要求，但在高速行驶时，由于风阻和空气动力学的影响，列车在穿越隧道、迎风行驶时常常出现车厢内噪声过大、震动明显的问题，乘客的舒适度受到影响。

中国的工程师们从空气动力学和材料科学两个方面入手，开始对车厢的外形和结构进行细致的优化。

通过多次风洞试验，科研团队逐渐找到了最适合中国地形和风速条件的车厢流线设计。特别是在列车头部的设计上，团队借鉴了子弹和鱼类的流线形态，最终设计出了一种具有极佳空气动力学性能的列车头型，减少了高速行驶时的风阻和噪声。

此外，车厢的材料选择也经历了多次改进。早期的车厢材料虽然坚固，但重量较大，导致列车的能耗较高。中国的科研团队通过引入轻量化复合材料，不仅提高了车厢的强度，还大幅降低了列车的整体重量，减少了能源消耗。在保证安全性的前提下，这一细节的优化使得中国高铁不仅运行速度更快，而且更加节能环保。

从细节入手提升效率

在高铁的发展过程中，列车运行的效率与安全性始终是核心目标。随着中国高铁网络的不断扩展，列车需要在密集的铁路系统中高速运转，这对调度和信号系统提出了极高的要求。在这方面，科研人员通过对技术细节的不断改进，实现了高效的列车调度和精准的运行控制。

在列车调度系统中，中国高铁采用了全球领先的自动化调度系统，可以精确控制每一辆列车的行驶时间、停靠时间和速度。通过对信号系统的优化，确保每一辆列车在高速运行中与其他列车保持安全距离，避免发生事故。同时，这一系统还能够实时监控列车的运行状态，遇到异常情况时能够迅速反应，保障乘客的安全。

为了进一步提升高铁的运行效率，中国工程师们还在磁悬浮技术和动力系统上进行了大量的研究。通过对细节的不断突破，中国高铁的运行速度不断刷新纪录，逐步实现了从300公里/小时到400公里/小时以上的跨越。这些技术上的进步，不仅是对速度的追求，更是对每一个细节的优化和极致突破。

细节创新的成就

经过多年的创新与发展，中国高铁已经成为世界上技术最先进、运行速度最快，网络覆盖最广的高速铁路系统之一。从最初引进国外技术，到如今自主研发、中国高铁技术走向全球，中国的成功不仅在于大方向上的战略规划，更得益于无数技术人员对细节的精益求精。

中国高铁在全球范围内的建设合作中，展现了其强大的竞争力。无论是在复杂的地质环境下建设高铁，还是在不同气候条件下运行，中国的高铁技术都能应对自如，展示出极高的稳定性和安全性。而这一切，正是通过对轨道、车厢、调度系统等每一个细节的不断优化实现的。

中国高铁的发展历程，是一个尺有所短、寸有所长的生动案例。通过对轨道设计、车厢结构、信号系统等细节的不断突破和创新，中国高铁从引进者成长为技术引领者。这不仅展示了中国在科技创新中的强大能力，也为世界树立了一个通过细节优化实现卓越的典范。

在现代科技的快速发展中，每一次细微的突破，往往都能带来巨大的变革。正如中国高铁的发展历程告诉我们的那样，细节的精益求精不仅决定了效率和安全，更成就了一个行业的辉煌未来。

敬畏自然，细流归海

在现代社会的快速发展中，如何在满足经济需求的同时保持环境的平衡和生态的可持续性，成为全球性挑战。

可持续发展不仅仅是一个宏大的概念，它需要在实践中通过精细化管理来实现，从自然资源的细致管理到技术创新的应用，每一个环节都关乎未来的环境与人类的共存。

中国古代的水利工程，尤其是都江堰水利工程，为我们提供了关于可持续发展与精细化管理的宝贵智慧。这个历经两千多年仍在发挥作用的工程，不仅展示了古代人民对自然的敬畏与理解，也为现代的可持续发展提供了有力的启示。

都江堰：中国古代水利工程的奇迹

都江堰是中国古代最著名的水利工程之一，位于四川成都平原，由战国时期蜀郡太守李冰主持修建。它的主要功能是解决岷江水患问题，同时为成都平原提供长期的灌溉支持。

都江堰工程的奇妙之处在于它利用自然地形，通过精细的水流控制，成功实现了防洪、灌溉、航运三大功能。这一水利工程历经两千多年，依然在现代发挥重要作用，这不仅展示了古代中国人的智慧，更体现了对自然的敬畏与对水资源精细管理的理念。

在都江堰的设计和管理中，有许多细节体现了精细化的思维。例如，通过分流与排沙，都江堰有效地控制了岷江水的流速与流向，确保了平原上的土地既能得到充足的灌溉，又避免了洪水的侵害。这种通过细节调控实现长期水资源管理的方式，成为可持续发展的经典案例。

分流与排沙：细致调控中的可持续智慧

都江堰的核心理念是通过对水流的细致调控，合理利用自然资源，实现长期的生态平衡与经济效益。该工程的两大关键部分——宝瓶口和飞沙堰，完美诠释了精细化管理在水利工程中的应用。

宝瓶口：分流中的精细化控制

都江堰的关键工程之一是宝瓶口，这是岷江上游与成都平原之间的一个狭窄水口，水流通过宝瓶口进入灌溉系统。在设计宝瓶口时，李冰并没有采取单一的渠坝截流方式，而是通过自然的力量，将岷江水分流。宝瓶口的宽度与角度经过了精准的计算，使得洪水期多余的水流可以顺利排入江河，而平常季节则保证了灌溉用水的稳定供应。

通过精确的分流设计，宝瓶口实现了洪水期排洪与干旱期供水的平衡。这种细节上的控制，不仅避免了传统水利工程中过度依赖人力和机械调节的弊端，还使得整个灌溉系统更加高效、稳定、可持续。

这一工程展示了精细化管理的重要性。通过对水流的精准控制，古人成功地将不可控的自然力量转化为可持续利用的资源。这种细节上的突破，不仅延长了工程的寿命，也为后世的水利工程提供了可借鉴的模式。

飞沙堰：排沙系统中的生态平衡

都江堰的另一个重要组成部分是飞沙堰，它是一个独特的排沙系统。岷江上游流经山区,带有大量的泥沙,如果泥沙进入灌溉渠,将会导致淤塞,影响水流的畅通。

李冰在设计都江堰时,充分考虑到了这一自然特性。他通过设计飞沙堰,利用水流的冲击力和重力作用,将泥沙分离出去,使其顺江排出,而清水则通过宝瓶口流入平原灌溉系统。

这一细节设计体现了自然与人类需求的和谐统一。李冰没有简单地通过人工清理泥沙,而是利用自然的力量,实现了泥沙的自动排除和水资源的持续供应。通过这种生态平衡的理念,都江堰不仅解决了短期的灌溉需求,还保持了长期的可持续性。

飞沙堰的设计告诉我们,在可持续发展中,细节上的精细管理至关重要。通过对自然规律的深刻理解和尊重,我们可以找到更为高效、节能、生态友好的解决方案。这种精细化管理不仅减少了对自然的破坏,还为未来的生态发展创造了空间。

可持续发展中的精细化管理:现代启示

都江堰的成功,不仅在于其伟大的工程设计,更在于其对细节的精细管理和对自然规律的尊重。

它为现代可持续发展提供了许多宝贵的启示,尤其是在资源利用、生态保护和长期效益的平衡方面。

资源管理中的精细化思维

都江堰的建设理念强调了自然资源的有效管理与长期利用。在现代社会,资源有限,如何在使用过程中保持资源的可持续性,是一个全球性问题。都江堰的设计思路为我们提供了重要的借鉴,即通过对资源的精细化管理,最大限度地提高其利用效率,并确保其长期可持续。

例如，在水资源管理中，现代城市面临着供水与排水系统的不平衡问题。通过都江堰的分流与排沙系统的设计，我们可以看到，水资源管理的关键在于找到合理的分配方式，避免浪费并确保水源的持续供应。通过类似的精细化管理，现代城市可以通过优化管网设计、提高节水技术等方式，实现水资源的高效利用。

长期效益与生态平衡

都江堰的成功不仅体现在它能够持续运作两千多年，还在于它保持了自然生态的平衡。在现代社会的可持续发展中，经济效益与生态保护常常处于对立面，而都江堰的设计向我们展示了如何通过精细化的管理，实现两者的平衡。

通过借鉴都江堰的理念，现代企业在发展中应当注重长期效益，而不仅仅追求短期的经济增长。通过对自然资源的合理规划和利用，以及对环境的长期保护，可以确保企业在未来的竞争中具有更强的可持续发展能力。

科技与传统的结合

都江堰是中国古代工程智慧的代表，它不仅依赖于古代人的经验和自然观念，还融入了许多创新的思维。

在现代可持续发展中，科技的进步为我们提供了更多解决问题的工具，但同时，我们也应当从传统智慧中汲取灵感。通过将科技与传统的精细化管理理念相结合，我们可以更好地应对当前的环境和发展挑战。

都江堰水利工程的建设，是中国古代科技智慧与自然和谐相处的典范。通过对水流的细致调控和自然规律的尊重，李冰成功地将岷江水的力量转化为长期的资源供给，确保了成都平原的繁荣与稳定。这一工程不仅展现了古代人对自然的敬畏与智慧，更为现代的可持续发展提供了宝贵的经验。

在现代社会的可持续发展中，我们同样需要通过精细化管理，在资源利用、生态保护和长期效益之间找到平衡。正如都江堰所展示的那样，细节的优化和对自然规律的尊重，是确保可持续发展的关键。通过结合现代科技与传统智慧，我们能够更好地实现人与自然的和谐共存。

善于见微，方能知著

创新，是推动社会进步和变革的重要力量。然而，创新并不总是依赖于天马行空的创造力，很多时候，它源于对细节的敏锐观察和准确把握。

正如古语所云"善于见微，方能知著"，许多伟大的创新往往从极其细微的现象中孕育而生，只有那些能够发现细节中的潜在问题和契机的人，才能走在创新的前沿。

在中国的历史长河中，创新的精神贯穿始终。许多发明和技术突破都是从对日常生活和工作中的细节观察开始的。从古代的四大发明到现代的科技创新，正是因为一些先驱者能够从微小之处入手，发现其中的可能性和改进空间，才成就了伟大的发明创造。

我们将通过历史和现代的创新故事，探讨细节中的创新契机，以及如何通过对细节的敏锐观察，推动技术和社会的进步。

毕昇的活字印刷术：从细节中发现革新契机

中国四大发明之一的印刷术，在世界科技史上占有重要地位。最早的印刷术是雕版印刷，这种方法效率较低，因为每一个版面都需要重新雕刻。

虽然雕版印刷的发明解决了当时书籍制作效率低的问题，但随着印刷需求的增加，雕版印刷的缺陷逐渐显现。正是在这样的背景下，北宋时期的毕昇通过对印刷细节的观察，发明了改变历史的活字印刷术。

毕昇出生于一个普通工匠家庭，他自幼观察木匠、石匠们雕刻木版和石刻文字。在长期的工作中，毕昇发现，雕版印刷的效率问题主要在于每次印刷前，都需要为整页文字重新雕刻版面，这既耗时又容易出错。如果能够将每个字单独制作成印刷的"活字"，那就可以反复使用，不再需要每次都重新雕刻整版文字。这种对细节的思考，促使他开始尝试创新。

毕昇将每个汉字刻在独立的小块上，称为"活字"。当需要印刷时，只需根据内容，将活字排列组合，然后印刷完毕后再拆开、清洗，留待下次使用。这一创新大大提高了印刷的效率，节省了大量时间和成本，推动了书籍的广泛传播。正是毕昇对印刷过程中细节的敏锐观察，他发现了雕版印刷的局限性，并通过细致入微的改进，开创了活字印刷的先河。

毕昇的故事告诉我们，创新并不总是宏大的突发灵感，而是从对日常工作细节中的问题入手，寻找改进的方法和机会。正是这种见微知著的能力，成就了活字印刷术的伟大发明。

中医的创新：从细微症状到整体疗法

中国传统医学中的许多创新也来源于对人体细微变化的观察与研究。中医讲究"望、闻、问、切"四诊法，通过对人体外在症状和内在脏腑的细微变化进行综合判断，开创了独特的治疗体系。

在中医历史上，李时珍的《本草纲目》堪称是一部具有划时代意义的医药学巨著。这部著作不仅是中国古代药学和植物学的集大成之作，也是对药物细节观察的杰出成果。李时珍通过对草药、矿物、动物等药材的细致研究，总结出其不同的药性和治疗效果，并记录下了大量民间使用药物的经验，开创了系统化的药学研究。

李时珍的创新源于他对药材细微之处的长期观察与积累。例如，他注意到，不同地域的同一种草药可能会因土壤、气候等微小因素的差异，而呈现出不同的药效。他通过亲自试验、长期实践，将这些细微的观察整理成了系统的药物理论，并最终撰写了《本草纲目》。这部书在中国乃至世界医学史上都有着深远影响，被誉为"东方医药巨典"。

李时珍的成功再一次证明，细节中的创新潜力往往比我们想象得更大。通过对草药的细致分析和分类，他不仅推动了中国中医药学的发展，也为后世的药物学研究提供了宝贵的参考。创新并不一定是全新的发明，许多时候，它只是对现有知识和细节的重新认知与总结。

现代科技中的细节创新

进入现代，创新依然离不开对细节的观察与优化。中国科技企业在过去几十年里，取得了令人瞩目的成就，这些成功背后，正是无数细节创新的累积。例如，智能手机行业中的技术竞争日趋激烈，各大厂商都在追求如何通过对产品细节的不断优化，吸引消费者的青睐。

以华为为例，在全球智能手机市场的竞争中，华为能够与苹果、三星等国际巨头同台竞技，正是因为其在技术创新中注重细节的提升。

华为的工程师们在手机研发过程中，除了追求芯片、处理器等核心技术的突破，还十分注重手机外观、操作界面、触感等细节的优化。

例如，华为在其旗舰机型上采用了曲面屏设计，使用户在滑动屏幕时拥有更加流畅的手感；同时，华为还通过对摄像头技术的改进，提升了手机拍照的清晰度和色彩还原度。这些细微的创新，虽然在表面上看似并不显眼，但它们极大地提升了用户体验，帮助华为赢得了市场的青睐。

同样，电动车行业中的创新也离不开对细节的深入思考。中国的电动车制造商比亚迪，在电动车电池技术领域取得了巨大的突破。

比亚迪的创新不仅仅是制造出高效、持久的电池，更在于他们对电池材料、散热技术、充电速度等细节的反复研究与改进。通过对这些微小细节的改进，比亚迪成功解决了电动车续航能力弱、充电时间长等问题，推动了电动车产业的飞速发展。

这些现代科技中的创新案例告诉我们，许多技术进步正是通过对细节的不断改进实现的。创新往往不是突然的灵感迸发，而是长期积累的结果。正如比亚迪在电池技术上的突破，正是源于对电池化学结构和材料性能的长期研究和优化，而这些微小的改进最终成就了技术的飞跃。

从细节中发现创新：培养见微知著的能力

创新来自细节的积累，但并不是每个人都能敏锐地捕捉到这些细节中的机会。那么，如何才能培养见微知著的能力，从细节中找到创新的契机呢？

首先，细致的观察力至关重要。很多创新的源泉来自日常工作和生活中的细小问题。那些能够不断提出问题，并仔细分析问题的人，往往更容易发现改进的空间。

例如，毕昇能够发现雕版印刷的缺点，正是因为他在长期的印刷工作中积累了丰富的经验，意识到雕版印刷效率低下的问题，并通过细致的观察提出了解决方案。因此，我们在日常工作中也应当时刻保持敏锐的观察力，注意那些被忽视的细微之处。

其次，持续地实践与思考也很重要。创新不仅是观察，更需要通过不断地实验和思考来验证发现的问题。

李时珍在编写《本草纲目》的过程中，亲自试验了无数药材的效果，通过实践总结出草药的药性。这种不断实践与反思的过程，是创新的重要推动力。我们在工作中同样需要保持这种精神，时刻反思自己的方法，发现其中可以改进的细节。

最后，打破常规的思维方式也是创新的关键。许多创新者之所以能够从细节中发现机会，是因为他们敢于跳出固有的思维框架，重新审视现有的工作方式。比亚迪在电动车电池上的突破，就是因为他们敢于打破传统电池技术的束缚，寻找更高效的解决方案。通过不断挑战现有的标准，我们才能在细节中发现新的可能性。

从细微处点燃创新之光

"善于见微，方能知著"，创新并不总是从宏大的构思中诞生，很多时候，它源自对细微之处的深入观察与思考。

无论是古代的活字印刷术、传统医学的突破，还是现代科技中的每一项技术进步，创新的核心都在于对细节的敏锐洞察和持续改进。

在这个日新月异的时代，创新不仅是技术发展的动力，也是推动社会进步的重要力量。通过不断从细节中发现问题、提出改进，我们可以在看似平凡的工作和生活中，找到创新的契机，并推动整个社会向前发展。

只有善于见微，才能知著；只有从细节中点燃创新之光，才能照亮未来的发展道路。

教育中的细节育人之道

教育，不仅是知识的传递与灌输，更是对个体人格、思维和情感的全面塑造。

在中国传统教育思想中，孔子以其独特的教育智慧和细致入微的育人之道，被后世尊为"至圣先师"。孔子的教育理念不仅奠定了中国古代教育的基础，也在教育中展现出对每个学生的深入关怀和独特的教学方法。他注重对学生性格、能力和需求的细致观察，通过因材施教，使得他的教育理念"春风吹雨，润物无声"，培养了一代又一代才俊。

孔子并非仅仅依赖教材授课，他通过对每一位弟子的了解，运用不同的教学方式，激发学生的潜力。正是这种对教育细节的关注，孔子成为中国教育史上最伟大的思想家和教育家之一，他的教育方法和思想流传千年，依然对现代教育具有深远的影响。

孔子的教育理念：因材施教与细致观察

孔子提倡的因材施教，是其教育思想中最为核心的部分。他认为，每个学生的性格、能力、兴趣和需求各不相同，教师应根据这些差异，采取不同的教学方法。孔子深知，教育不是一成不变的灌输，而是通过细致入微的观察和灵活的应对，才能真正启发学生的智慧与潜能。

在孔子的教育实践中，他善于通过日常的对话和互动，发现每个学生的个性特点，并有针对性地进行教育。正是这种对细节的观察和掌握，使孔子的教育理念能够流传至今，并深刻影响了中国乃至世界的教育思想。

细致观察中的因材施教：孔子的育人智慧

孔子有三千弟子，七十二贤人，著名弟子包括颜回、子路、曾参、子贡等。通过这些弟子的成长故事，可以看到孔子在教育中如何通过细致入微地观察，对学生进行因材施教。

颜回：清贫中的淡定与求知欲

颜回是孔子最为喜爱的弟子之一，孔子对他的赞誉尤为高。他天资聪颖，性格内敛，尤其具备超凡的求知欲和忍耐力。颜回生活清贫，但始终保持着对学问的专注和对道德的追求。

孔子通过日常的接触，细心观察到颜回的清贫生活并没有影响他的求知欲，反而让他对学问更加执着。孔子曾感叹道："贤哉，回也！一箪食，一瓢饮，居陋巷，人不堪其忧，回也不改其乐。"孔子在教育颜回时，注重的是思想境界的提升，他通过对颜回品性的观察，专注于如何引导他在逆境中坚持道德信念与学问追求，帮助他成为品德高尚的贤人。

子路：勇敢与直率中的性格塑造

子路，性格豪爽、勇敢，但有时也显得过于鲁莽。在子路的教育过程中，孔子并没有直接压制他的勇气，而是通过细腻地引导，帮助他克服缺点，磨炼性格。

子路曾多次表现出急躁和好斗的性格。在一次讨论"仁"的过程中，子路急切地向孔子询问什么是"仁"。孔子回答道："克己复礼为仁，一日克己复礼，天下归仁焉。"孔子没有直言批评子路的鲁莽，而是通过哲理性的回答，让子路自己去反思和领悟。这种间接的教育方式，不仅保护了子路的自尊，还让他在思考中逐渐成熟。

孔子深知子路的勇敢是他的长处，因此并没有试图抹去这一特质，而是通过细致观察与间接引导，帮助他学会自律与反思，从而在勇敢与冷静之间找到平衡。正是这种对细节的把握与引导，使得子路后来成长为一个有勇有谋的贤人。

子贡的商贾之道：经济思维中的人文关怀

子贡是孔子的著名弟子之一，以智慧与善于经商著称。孔子非常欣赏子贡的才智，但他同时也看到，子贡在追求利益的过程中，可能会忽视道德与人情。孔子并没有直接教导子贡如何为人处世，而是通过生活中的细节教育，帮助他理解"义"与"利"的平衡。

有一次，子贡询问孔子关于治国的道理，孔子告诉他："富之，教之。"这句话看似简单，却包含了深刻的教育智慧。孔子通过这句话提醒子贡，财富固然重要，但在治国或从商的过程中，道德与教育的作用不可忽视。子贡在孔子的言传身教中逐渐明白，作为一名商人，不仅要追求经济利益，还应兼顾社会责任与人文关怀。

孔子的教育方式正是在这些细节中得以体现。他没有直接批评或教导子贡，而是通过对生活中的小事点拨，逐步让子贡意识到作为商人或领导者应具备的责任感。这种润物无声的教育方式，使得子贡在经商之外，更懂得如何做人、做事，成为孔门中一位成功的商人和政治家。

曾参的孝道：情感教育中的细节关怀

曾参是孔子的另一位重要弟子，以孝顺著称。孔子在教育曾参的过程中，注重通过细微的关怀和情感引导，帮助他领悟孝道的真正意义。曾参在学习过程中，常常通过孔子的言传身教体会到亲情与道德的融合。

孔子通过言传身教，帮助曾参理解到，孝道不仅是对父母的表面尊敬，更是内心深处的责任感和爱。曾参的成长过程，正是孔子通过对细节的关注和情感的引导，让他逐步认识到孝道的深层含义。这种潜移默化的教育，不仅影响了曾参的思想，也为后世树立了道德典范。

孔子的教育智慧对现代教育的启示

孔子的教育理念和方式，不仅对中国古代教育产生了深远影响，也为现代教育提供了宝贵的启示。

教育的本质，不仅仅是知识的传授，更在于人格的培养与潜能的激发。通过对学生性格、能力的细致观察，采取因材施教的方式，才能真正帮助学生成长为有思想、有责任感的人。

现代教育也需要借鉴孔子的细节育人之道，注重学生个体差异，灵活调整教学方法，以激发学生的内在动力。教师不仅是知识的传播者，更应成为学生成长道路上的引导者与激励者，帮助他们在细节中发现自我，成就未来。

第六章

机遇就藏在
细节里

效率源自对细节的把控

行有恒而心有细

微小瞬间，大有不同

把握细微处被忽略的机会

效率源自对细节的把控

"分秒必争"四个字，不仅道出了现代生活和工作中对时间的极致追求，也揭示了效率的关键所在。

如何在有限的时间内做到高效，如何在纷繁复杂的任务中做到精确，并不仅仅是快，更是对每一个细节的精准把控。

效率并非盲目地追赶速度，而是通过对细节的精确管理，使每一秒的投入都发挥最大的价值。这种精确和细致的管理理念，在中国古代和现代的诸多故事中得到了鲜明的体现。

战国时期的军事精确：合纵连横中的分秒必争

除了工匠精神，古代中国的军事智慧也充分展示了"分秒必争，细致成效"的道理。战国时期的合纵连横是历史上极富智慧的政治和军事斗争方式，在这一过程中，许多名将和谋士都展现了对时间和细节的极致把控，最终赢得了战争的胜利。

其中，战国名将白起在长平之战中的精确调度堪称典范。当时，秦军与赵军在长平一带对峙，战争已经拖延了数月，双方陷入胶着状态。在这种情况下，赵军希望通过长期消耗拖垮秦军，而白起则通过对战局细节的深刻分析，决定采取"引蛇出洞"的策略。

他首先调动部队作出撤退的假象，误导赵军，以为秦军已经力不从心。与此同时，白起安排后方部队在赵军必经之路埋伏，精确到每一个部队的埋伏地点和行动时机。赵军大意，倾巢而出追击秦军，结果掉入了白起设计的陷阱。

这一战，白起成功包围了赵军，并以高效的作战方式一举歼灭赵军主力部队。长平之战以秦军的压倒性胜利告终，白起正是通过对战局中每一个细节的精准把控，赢得了这场决定性胜利。这一历史事件也向我们展示了时间和细节在战争中的关键作用。白起的成功不仅在于他的战略谋略，更在于他对时机的把握，对每一项部署的精确计算。

时间与效率的哲学：以细节赢得未来

在现代社会，无论是企业管理还是个人时间管理，都要讲求这种精确与高效的结合。例如，在企业中，项目管理的成功不仅依赖于团队的执行力，更在于对每个环节的细致规划。一个高效的团队往往能够准确把握每一个项目的时间节点，确保每个环节都在既定的时间内完成，并通过细致的跟踪和反馈机制，及时调整策略，避免无谓的时间浪费。

对于个人来说，时间的管理同样需要对细节的精确控制。许多人在日常生活中感到时间不够用，往往不是因为任务太多，而是因为他们没有掌握好每一个任务的细节。通过对每天的日程进行细致规划，减少无意义的时间浪费，设定明确的目标并定期检查进展，个人的效率就会大幅提升。

精确的效率之道不仅体现在宏大的系统管理中，也体现在每一个日常生活的小细节里。从每天的时间管理到复杂项目的执行，每一个高效运作的背后，都离不开对细节的精确掌控。正如古人所言"一屋不扫，何以扫天下"，只有在细节中追求精确，才能在全局中实现高效。

　　分秒必争、细致成效，不仅是一种工作方法，更是一种生活态度。都是这一理念的生动体现。无论是个人成长还是事业发展，细节与效率的关系都是不可分割的。只有通过对每一个细节的反复打磨与精确执行，才能真正实现高效的工作和卓越的成果。

行有恒而心有细

现代生活节奏日益加快，竞争压力日渐加大，我们每个人都渴望在工作和生活中有所成就，既能取得事业的成功，又能保持生活的平衡与幸福。

但在很多时候，我们会发现，日常的忙碌常常无法转化为预期的收获，甚至会让我们感到疲惫不堪。这种情况往往并非因为我们缺乏动力或天赋，而是在于我们缺少对自我的精细管理。真正丰盈而有成效的生活，源于持之以恒的行动力与对细节的关注。

行有恒而心有细，是提升自我管理能力的核心要义。一个成功的生活模式，离不开对时间、精力和情绪的精细规划与管理；而这种管理，不仅是对外部资源的安排，更是对自我内在状态的悉心调节。只有做到有恒心、有细心，才能在看似繁杂的生活中游刃有余，成就丰盈人生。

让每分每秒都变得有意义

管理自我的第一步就是管理时间。时间是我们生活中最稀缺的资源，它不可逆转、不可增加。我们每个人每天都有同样的24小时，如何利用这段时间，决定了我们生活的质量与效率。

管理时间并不是让我们疲于奔命，而是通过合理规划，让每一分每一秒都发挥最大的价值。

制定清晰的时间规划

好的时间管理始于清晰地规划。许多人感到生活混乱、工作忙碌却效率低下，往往是因为没有对一天的时间做出明确安排。无计划地生活不仅浪费时间，还容易造成焦虑和疲惫感。

例如，作家鲁迅就是时间管理的典范。他曾说："时间就像海绵里的水，挤一挤总是有的。"他在多重身份之间游刃有余，既是文学创作的大家，也是革命思想的传播者，还兼顾教职工作。

鲁迅对时间的掌控有条不紊，他通过细致的时间安排，让自己在有限的时间内完成了多项重要的工作。

每一天，他都提前计划好该做的事情并严格执行。正是这种细致的时间管理，让鲁迅得以在短短几十年内完成大量的文学作品与社会活动。

我们可以借鉴这种方法，通过制订每日、每周的计划，将重要的任务安排在时间精力最充沛的时段，避免拖延症和无效劳动。

例如，早晨是一天中效率最高的时间段，可以用来处理复杂的任务；而午后的时间可以安排一些轻松或需要创意的工作。通过合理分配时间，让每一个时间段的任务都更符合自身的精力状态，从而提升整体效率。

精细管理精力

时间管理只是自我管理的一个方面，精力的管理同样至关重要。一个人如果精力不济，即使时间安排得再好，也无法发挥出应有的效率。因此，精力管理在高效生活中占据重要位置。

保持良好的生活习惯

保持充沛的精力，首先要从良好的生活习惯开始。规律的作息、健康的饮食、适量的运动都是保持精力充沛的基础。

北宋文学家苏轼在处理政务和创作文学作品时，非常注重作息的规律。他每天早晨起来，都会先进行户外活动，散步或种花，以保持头脑清晰，然后才开始一天的政务处理与写作。这种规律的作息和适当的休息，帮助他在繁忙的生活中保持了充沛的精力。

现代社会中，许多人常常熬夜加班、饮食不规律，导致精力透支，从而影响工作效率。通过保持早睡早起、合理膳食和适当运动，可以有效管理精力，使我们在面对重要任务时，能够保持最佳状态。

工作与休息的合理分配

工作和休息之间的平衡是精力管理的关键。如果我们长时间工作而不休息，精力会迅速耗尽，导致效率下降。因此，学会合理安排休息时间，至关重要。

对于普通人来说，我们也可以通过在工作间隙中安排适当的休息，来恢复精力。比如，每工作一段时间后，站起来走动几分钟，或者通过短时间的冥想来放松思维，都是有效的方法。通过这种方式，可以避免长期工作带来的疲劳和注意力涣散。

细致管理情绪：保持内心的平衡与安定

情绪管理是自我管理中的第三个重要方面。无论是工作中的压力，还是生活中的挫折，情绪波动都会影响我们的效率和幸福感。因此，学会细致管理情绪，保持内心的平衡与安定，是成就丰盈生活的关键。

识别情绪，学会接纳与调节

每个人都会经历情绪的起伏，这本身并没有问题，关键是我们如何对待自己的情绪。很多人因为情绪失控而影响工作效率，甚至影响人际关系。情绪管理的第一步是识别情绪，即了解自己在不同情境下的情绪变化，发现情绪波动的原因。

例如，当我们感到焦虑或愤怒时，应该问自己：是什么导致了这种情绪？是因为任务太多，还是因为压力太大？通过了解情绪的来源，我们可以采取相应的措施进行调节，而不是被情绪牵着走。

接纳情绪也是情绪管理的重要一环。很多时候，我们对负面情绪感到抗拒，试图压抑或忽视它们。但实际上，接纳这些情绪，允许自己短暂地感到不安或失落，反而有助于快速恢复平静。心理学家建议，当我们感到情绪波动时，可以尝试深呼吸或冥想，通过调整呼吸节奏，帮助自己放松情绪。

通过细节创造正面情绪

除了应对负面情绪，学会在生活中创造正面情绪，也能帮助我们保持内心的平衡。许多研究表明，小小的细节改变，可以极大地提升我们的情绪质量。

例如，每天清晨醒来后，可以做几分钟的感恩练习，回想生活中值得感激的事情，如家庭的支持、朋友的陪伴、身体的健康等。这些积极的思考能有效改善心情，帮助我们以更加积极的态度面对新的一天。

此外，通过布置一个温馨舒适的工作环境、在闲暇时听一段轻音乐，或者在午后享受一杯好茶，都可以帮助我们创造正面情绪。这些细小的行为，虽然看起来微不足道，但它们对情绪的长期稳定有着重要的作用。

　　行有恒而心有细，是一种对自我精细管理的生活哲学。通过细致管理时间、精力和情绪，我们可以逐步成就丰盈而充实的人生。成功与幸福从来不是一蹴而就的，而是通过点滴积累、细节打磨而来。

　　无论是生活中的日常琐事，还是工作中的重大挑战，只有通过对细节的重视与恒心的坚持，我们才能在繁杂的世界中找到属于自己的节奏，既成就事业也享受生活。管理好自我，便能在忙碌中找到内心的安宁，在有限的时间内创造无限的可能，迎接丰盈的人生。

微小瞬间，大有不同

在每个人的生命中，总会有一些看似微不足道、短暂而不起眼的瞬间，最终却成为改变人生轨迹的关键点。这些瞬间或许是一句不经意的话，或许是一个简单的决定，甚至可能是一次偶然的相遇。它们的出现，往往是无声的，没有任何前兆，像微风轻拂过水面，留下一圈圈涟漪，但却能悄无声息地改变了你未来的方向。

如果我们能从全局的高度来看待这些细节，就会发现，它们所蕴藏的力量是如此巨大。有时，一个微小的决定，甚至在不自觉中做出的选择，都可能成为推动人生向前的力量。很多成功人士回顾自己的经历时，往往会谈到，某一时刻的一个微小决定，如何在无形中影响了他们的未来。正如电影导演斯皮尔伯格所说："每个人的人生，其实都是由一系列偶然的小选择拼凑而成的。"而这些小选择，正是在我们忽视或未曾察觉的细节中。

微小瞬间改变未来

想象一下，如果你早晨多睡了五分钟，错过了你通常乘坐的那班公交，是否会与那个曾经在同一站等车的人发生交集？如果那天你没有去那家你常去的咖啡馆，而是去了一个陌生的小店，你是否会碰到一个不经意的机会，结识一位重要的朋友或客户？这些微小的变动，可能在当时看来毫无意义，却能在未来某个时刻积累成改变命运的力量。

有一个真实的故事，或许能更好地说明这个道理。故事的主人公是一个年轻的工程师，名叫李明。某天，他在公司加班到很晚，正准备离开时，遇到了一位他从未见过的客户。这位客户正好是一个正在寻找创新技术合作的企业老板。李明因为疲惫，差点错过了这个机会，但当他看到这位客户留在办公室的身影时，他做出了一个迅速的决定：走过去与对方打个招呼。

接下来的谈话，并没有立刻引起火花，但这次偶然的交流为李明未来的发展埋下了种子。几个月后，这位客户再次找到了李明，并提出了合作的邀请。这个看似微不足道的瞬间，成了李明职业生涯中的转折点，也让他从一个普通工程师，成长为一名备受瞩目的创业者。

李明自己也曾回顾过这个经历，他曾经认为自己的成功来源于后来的努力和坚持，但他从未想到，那个晚上微小的决定，是否主动走上前去，是否因为一时的好奇心与对方交流，才真正打开了他职业生涯的大门。

微小瞬间背后的机遇

机遇，是人生中不可忽视的一个因素。很多人总是觉得成功来自于努力，但实际上，努力的方向和机遇的选择，往往决定了一个人的成败。

记得曾有一位企业家分享过自己创办公司的故事。他说，当年他和几个志同道合的朋友做了一项技术研发，刚开始他们并没有太多的资金和资源。然而，就在他们最艰难的时候，一个偶然的机会出现了。一次公司聚会中，他无意中提到了自己的困境，而在场的一个投资人正好对这一领域产生了兴趣。几次深入交流后，这位投资人决定向他们提供资金支持，结果，他们的技术最终获得了突破，公司的价值也迅速飙升。

这看似偶然的机遇，背后其实隐藏了无数个细节：企业家是否有足够的耐心与坚持，是否在谈话中展示了项目的潜力，是否能在关键时刻抓住那个稍纵即逝的机会。这一切，都是机遇来临的前兆，而这些微小的细节，最终成就了他的人生转折。

机遇并不是凭空出现的，它通常是与某些细节的积累和个人的决策紧密相连的。正如老子所说："机不可失，时不再来。"机遇往往是需要通过对细节的觉察和迅速的反应才能抓住的。

微小瞬间，大有不同。每个人的生命中，都充满了无数个微小的瞬无数个微小的瞬间，决定了我们未来的走向。

所以，我们不妨停下来，留意生活中那些看似不经意的细节，因为正是在这些细节中，隐藏着我们人生的转折点。

把握细微处被忽略的机会

在这个信息过载、竞争激烈的社会中，机会并不总是显而易见，许多时候，它们隐藏在被人忽视的角落里。许多人总是关注大规模的市场变化和眼前的热门趋势，认为机遇就藏在这些显眼的地方，然而真正的突破，往往往往来源于那些被大多数人忽视的细节。正是这些不起眼的地方，常常蕴藏着巨大的潜力，成为成功的关键契机。

框架思维导致盲区

人类的认知通常会受限于已知的经验和普遍的思维框架。当我们面对复杂的市场环境时，很容易陷入一种"框架思维"，即习惯性地看待问题，并忽视那些不符合常规的现象。我们的注意力总是集中在明显的机会和显而易见的趋势上，而忽视了那些微小的、非主流的细节。

某些公司在市场的激烈竞争中，一直坚持传统的营销模式，认为增加广告投放、扩展渠道就能带来增长。而当他们投入大量资金和资源，结果却发现回报甚微。与此同时，另一家相似规模的公司却通过精细化的产品调整和精准的用户需求分析，在一个被市场普遍忽视的细分领域找到了突破点，迅速获得了消费者的青睐。这个看似微小的细节——不盲目追求市场的"大潮流"，而是从消费者的真实需求出发，竟成为了企业脱颖而出的关键。

这种"框架思维"局限了很多人的视野，让他们错过了那些潜在的机会。真正的机会，并不总是从显而易见的路径出现，而是在你重新审视周围环境时，发现那些被忽略的变化和需求。

小众市场的契机

很多时候，我们习惯性地认为，只有大规模的市场才有真正的商业价值。而忽视了那些看似"小众"的市场。其实，这些小市场中往往蕴藏着巨大的增长空间和创新潜力。正因为它们在初期没有获得足够的关注，很多企业家才能从中挖掘出别人未曾察觉的契机。

一些传统行业中的新兴产品，其实并非从市场规模的扩大入手，而是专注于特定群体的需求。比如，一些对环境保护有强烈关注的消费者，往往偏好于购买可持续、环保的产品。然而，这类消费者并不是主流群体，所以很多品牌并不特别关注这个细分市场，甚至会忽略这些群体的消费习惯和需求。

然而，一些品牌却在这个领域深耕，提供独特的、符合小众需求的产品和服务，通过注重环保设计、原材料的选择、产品生命周期等细节，成功吸引了这部分消费者，并逐步占领了这个看似"微小"的市场，最终获得了可观的商业回报。

小众市场的契机往往被主流市场的喧嚣所掩盖，然而那些能够从这些被忽视的领域入手的企业，能够通过精准的定位和独特的价值主张，实现从无到有的突破。

发现情感需求

许多人把注意力集中在产品功能、市场营销等方面，却忽略了情感和人际关系的力量。实际上，在商业中，人与人之间的情感需求常常是决定一个品牌是否能够获得消费者忠诚度的关键因素。一个品牌如果能够在情感上与用户建立连接，它的成功几乎是必然的。

很多人并不重视消费者与品牌之间的情感纽带，认为消费者购买产品更多的是基于功能需求，而忽略了消费者情感层面的需求。这时，一些品牌却敏锐地捕捉到这一细节，通过品牌文化的建设、个性化的服务、以及与消费者的长期互动，成功建立起了深厚的情感连接。这些品牌并没有急于通过促销活动或价格战来吸引顾客，而是通过让消费者感受到品牌的独特价值，建立起了长期的品牌忠诚度。

这种情感上的连接，往往成为品牌崭露头角的契机。能够发现并重视这一细节的人，通常能够在市场中脱颖而出。

挖掘碎片化信息背后的商机

现代社会的信息量巨大，每天我们都会接触到大量的数据和信息。然而，很多时候，我们并不真正理解这些信息背后的深层次含义。我们接收的信息往往是碎片化的，很多企业和个人并没有深入挖掘这些信息背后的趋势和潜力。因此，发现并整理这些碎片化信息，往往能够成为发现新机会的途径。

一些企业在经营过程中可能会收到各种客户反馈、销售数据、社交媒体的评论等多种信息。大部分公司可能会选择忽视这些零散的数据，认为它们没有太大价值。然而，如果这些信息能够系统地汇总、分析并与消费者的实际需求对接，往往能够挖掘出许多潜在的机会。例如，某些品牌通过对客户在线评论的分析，发现了一个未被关注的产品改进方向，或是了解到消费者未满足的情感需求。通过这类信息的整合和应用，企业能够做出更精准的决策和创新。

信息碎片化的背后蕴藏着巨大的商业机会，懂得如何从这些看似无关的数据中提取有效信息的人，往往能够看到别人无法察觉的市场趋势。

从被人忽视的地方找到契机并不容易，要求我们具备打破常规的勇气，去探索那些被忽视的细节。在这个快速变化的时代，谁能够从中看到机会，谁就能够站在新的风口浪尖，获得长期的成功。

敏锐洞察，把握机遇

机遇往往就在细节之中。而要发现细节，需要敏锐的洞察力。培养自己在微小瞬间的觉察，就能在看似平凡的生活中把握那些被忽略的机遇，获得别人未曾看到的优势。

微小瞬间中的自我觉察

一个人能否在生活中的微小瞬间做出正确的选择，往往取决于他是否具备敏锐的自我觉察力。

这种觉察力，通常表现为一种深刻的直觉，能够在瞬间判断哪些细节是值得关注的，哪些瞬间是转机的开端。很多时候，成功的关键并不在于拥有多么伟大的计划和想法，而在于我们是否能够在细节中发现机会，并及时做出反应。

一位优秀的销售员能够凭借对客户微妙情绪的察觉，快速调整自己的推销策略，取得最终的成功。而一位杰出的作家，往往能从日常生活中的小细节、微小的感触中汲取灵感，创造出触动人心的作品。这些看似简单的能力，背后却是对细节的深刻理解和对机会的敏锐捕捉。

洞察行业细微变化

曾经有一位企业家分享过自己创业的心路历程。在创业初期，他并没有强大的资金支持，也没有显赫的背景资源。正是在一次偶然的行业聚会上,他在与同行的交流中,注意到了一些别人不曾重视的细节。他发现,虽然市场上对某类产品的需求已经有了一定的饱和,但在这类产品的周边服务和增值部分,却存在着巨大的空白。于是,他决定把精力集中在这一细节上,开发新的附加服务。这个决定让他的小公司在同行中脱颖而出,迅速抢占了市场份额。

如果当时他忽视了这些细节,单纯地按照大众的方向走,或许他的公司也能存活,但可能永远无法做大。而正是对行业动态中细微变化的敏感与洞察,让他把握住了不易察觉的市场空白,最终实现了创业的成功。

在生活中,很多机会的来源正是通过对细节的洞察。从一个简短的闲聊到一次偶然的事件,从一个不起眼的小细节到一个微小的变化,这些看似毫无意义的片段,可能会在将来汇聚成巨大的成功。因此,我们要学会训练自己在日常生活中留意细节,培养洞察力,发现那些潜在的机会。

培养对细节的洞察力

培养细节的洞察力,并不是一朝一夕的事。它需要我们在日常生活中不断地练习和提高

首先,要养成细致观察的习惯。每天的生活中,我们可以在常规活动中多加留意,观察周围人的言行举止、环境的微小变化,甚至是工作中不经意间流露出来的细节。

其次,要学会反思和总结。从细节中得到的启示,需要通过不断反思和总结转化为经验。通过记录下自己在日常生活中的观察与感悟,我们可以逐渐建立起一套属于自己的细节洞察模型。

希望每个人都能从关注细节开始,逐步提升对细节的敏锐洞察力,成就不平凡的人生。